U0270165

大飞机出版工程

总主编 顾诵芬

飞机客舱舒适性设计

Aircraft Interior Comfort and Design

【荷】彼得·温克 克劳斯·布劳尔 著

党铁红 译

宋文滨 校

上海交通大学出版社
SHANGHAI JIAO TONG UNIVERSITY PRESS

内 容 提 要

本书是《大飞机出版工程》系列图书之一,是飞机客舱设计的很多实践工作和研究成果的总结。本书内容包括对舒适性的理解、不同国家对舒适性和乘客体验的研究、对一万多名乘客进行舒适性和满意度调查的研究报告、飞机客舱舒适性设计的最新研究、飞机座椅设计的新需求、乘机不同阶段对舒适性飞行的体验,以及飞机客舱舒适性设计的图例和评价等。本书可作为航空公司相关人员、飞机制造商和供货商、研究人员以及设计人员的参考用书。

(飞机客舱舒适性设计)

© Peter Vink and Klaus Brauer

This translation of *Aircraft Interior Comfort and Design* is published by CRC Press which is an imprint of the Taylor & Francis Group, Boca Raton, London, New York.

All Rights Reserved.

上海市版权局著作权合同登记号:图字 09 - 2012 - 425

图书在版编目(CIP)数据

飞机客舱舒适性设计/(荷)温克,(荷)布劳尔著;党铁红译.
—上海:上海交通大学出版社,2013
(大飞机出版工程)
ISBN 978 - 7 - 313 - 09459 - 9

Ⅰ.①飞… Ⅱ.①温…②布…③党… Ⅲ.①飞机—客舱—设计 Ⅳ.①V223

中国版本图书馆 CIP 数据核字(2013)第 023143 号

飞机客舱舒适性设计

[荷]彼得·温克 克劳斯·布劳尔 著

党铁红 译 宋文滨 校

上海交通大学 出版社出版发行

(上海市番禺路 951 号 邮政编码 200030)

电话:64071208 出版人:韩建民

浙江云广印业有限公司印刷 全国新华书店经销

开本:787mm×1092mm 1/16 印张:7.5 字数:139 千字

2013 年 4 月第 1 版 2013 年 4 月第 1 次印刷

ISBN 978 - 7 - 313 - 09459 - 9/V 定价:38.00 元

版权所有 侵权必究

告读者:如发现本书有印装质量问题请与印刷厂质量科联系

联系电话:0573 - 86577317

大飞机出版工程

丛书编委会

总主编：

顾诵芬（中国航空工业集团公司科技委副主任、两院院士）

副总主编：

金壮龙（中国商用飞机有限责任公司董事长）

马德秀（上海交通大学党委书记、教授）

编　委：（按姓氏笔画排序）

王礼恒（中国航天科技集团公司科技委主任、院士）

王宗光（上海交通大学原党委书记、教授）

刘　洪（上海交通大学航空航天学院教授）

许金泉（上海交通大学船舶海洋与建筑工程学院工程力学系主任、教授）

杨育中（中国航空工业集团公司原副总经理、研究员）

吴光辉（中国商用飞机有限责任公司副总经理、总设计师、研究员）

汪　海（上海交通大学航空航天学院副院长、研究员）

沈元康（国家民航总局原副局长、研究员）

陈　刚（上海交通大学副校长、教授）

陈迎春（中国商用飞机有限责任公司常务副总设计师、研究员）

林忠钦（上海交通大学副校长、院士）

金兴明（上海市经济与信息化委副主任、研究员）

金德琨（中国航空工业集团公司科技委委员、研究员）

崔德刚（中国航空工业集团公司科技委委员、研究员）

敬忠良（上海交通大学航空航天学院常务副院长、教授）

傅　山（上海交通大学航空航天学院研究员）

总　　序

　　国务院在 2007 年 2 月底批准了大型飞机研制重大科技专项正式立项,得到全国上下各方面的关注。"大型飞机"工程项目作为创新型国家的标志工程重新燃起我们国家和人民共同承载着"航空报国梦"的巨大热情。对于所有从事航空事业的工作者,这是历史赋予的使命和挑战。

　　1903 年 12 月 17 日,美国莱特兄弟制作的世界第一架有动力、可操纵、比重大于空气的载人飞行器试飞成功,标志着人类飞行的梦想变成了现实。飞机作为 20 世纪最重大的科技成果之一,是人类科技创新能力与工业化生产形式相结合的产物,也是现代科学技术的集大成者。军事和民生对飞机的需求促进了飞机迅速而不间断的发展,应用和体现了当代科学技术的最新成果;而航空领域的持续探索和不断创新,为诸多学科的发展和相关技术的突破提供了强劲动力。航空工业已经成为知识密集、技术密集、高附加值、低消耗的产业。

　　从大型飞机工程项目开始论证到确定为《国家中长期科学和技术发展规划纲要》的十六个重大专项之一,直至立项通过,不仅使全国上下重视起我国自主航空事业,而且使我们的人民、政府理解了我国航空事业半个世纪发展的艰辛和成绩。大型飞机重大专项正式立项和启动使我们的民用航空进入新纪元。经过 50 多年的风雨历程,当今中国的航空工业已经步入了科学、理性的发展轨道。大型客机项目其产业链长、辐射面宽、对国家综合实力带动性强,在国民经济发展和科学技术进步中发挥着重要作用,我国的航空工业迎来了新的发展机遇。

　　大型飞机的研制承载着中国几代航空人的梦想,在 2016 年造出与波音 B737 和空客 A320 改进型一样先进的"国产大飞机"已经成为每个航空人心中奋斗的目标。然而,大型飞机覆盖了机械、电子、材料、冶金、仪器仪表、化工等几乎所有工业门类,集成了数学、空气动力学、材料学、人机工程学、自动控制学等多种学科,是一个复杂的科技创新系统。为了迎接新形势下理论、技术和工程等方面的严峻挑战,迫切需要引入、借鉴国外的优秀出版物和数据资料,总结、巩固我们的经验和成果,编著一套以"大飞机"为主题的丛书,借以推动服务"大型飞机"作为推动服务整个航空科学的切入点,同时对于促进我国航空事业的发展和加快航空紧缺人才的培养,具有十分重要的现实意义和深远的历史意义。

2008 年 5 月,中国商用飞机有限公司成立之初,上海交通大学出版社就开始酝酿"大飞机出版工程",这是一项非常适合"大飞机"研制工作时宜的事业。新中国第一位飞机设计宗师——徐舜寿同志在领导我们研制中国第一架喷气式歼击教练机——歼教 1 时,亲自撰写了《飞机性能捷算法》,及时编译了第一部《英汉航空工程名词字典》,翻译出版了《飞机构造学》、《飞机强度学》,从理论上保证了我们飞机研制工作。我本人作为航空事业发展 50 年的见证人,欣然接受了上海交通大学出版社的邀请担任该丛书的主编,希望为我国的"大型飞机"研制发展出一份力。出版社同时也邀请了王礼恒院士、金德琨研究员、吴光辉总设计师、陈迎春副总设计师等航空领域专家撰写专著、精选书目,承担翻译、审校等工作,以确保这套"大飞机"丛书具有高品质和重大的社会价值,为我国的大飞机研制以及学科发展提供参考和智力支持。

编著这套丛书,一是总结整理 50 多年来航空科学技术的重要成果及宝贵经验;二是优化航空专业技术教材体系,为飞机设计技术人员培养提供一套系统、全面的教科书,满足人才培养对教材的迫切需求;三是为大飞机研制提供有力的技术保障;四是将许多专家、教授、学者广博的学识见解和丰富的实践经验总结继承下来,旨在从系统性、完整性和实用性角度出发,把丰富的实践经验进一步理论化、科学化,形成具有我国特色的"大飞机"理论与实践相结合的知识体系。

"大飞机"丛书主要涵盖了总体气动、航空发动机、结构强度、航电、制造等专业方向,知识领域覆盖我国国产大飞机的关键技术。图书类别分为译著、专著、教材、工具书等几个模块;其内容既包括领域内专家们最先进的理论方法和技术成果,也包括来自飞机设计第一线的理论和实践成果。如：2009 年出版的荷兰原福克飞机公司总师撰写的 *Aerodynamic Design of Transport Aircraft*（《运输类飞机的空气动力设计》），由美国堪萨斯大学 2008 年出版的 *Aircraft Propulsion*（《飞机推进》）等国外最新科技的结晶；国内《民用飞机总体设计》等总体阐述之作和《涡量动力学》、《民用飞机气动设计》等专业细分的著作；也有《民机设计 1000 问》、《英汉航空双向词典》等工具类图书。

　　该套图书得到国家出版基金资助，体现了国家对"大型飞机项目"以及"大飞机出版工程"这套丛书的高度重视。这套丛书承担着记载与弘扬科技成就、积累和传播科技知识的使命，凝结了国内外航空领域专业人士的智慧和成果，具有较强的系统性、完整性、实用性和技术前瞻性，既可作为实际工作指导用书，亦可作为相关专业人员的学习参考用书。期望这套丛书能够有益于航空领域里人才的培养，有益于航空工业的发展，有益于大飞机的成功研制。同时，希望能为大飞机工程吸引更多的读者来关心航空、支持航空和热爱航空，并投身于中国航空事业做出一点贡献。

2009 年 12 月 15 日

著者简介

彼得·温克（Peter Vink）

博士，舒适性与设计领域专家，在该领域发表 250 多篇论文，出版专著 8 部，并运用自己的专业知识和技能帮助多家公司开展舒适性设计。自 1998 年起，担任 TNO（荷兰应用科学研究院）人体工程学与创新研究所所长。自 2001 年起，还兼任代尔夫特理工大学（Delft University of Technology）工业设计工程学院教授，指导硕士研究生进行舒适产品设计。同时，温克博士还指导 10 名从事客舱设计研究的博士研究生。

克劳斯·布劳尔（Klaus Brauer）

二十年来一直致力于飞机客舱设计和乘客舒适性设计领域的研究，曾参与多种波音飞机的客舱设计，其中领导了 Dreamliner 787（波音 787）的客舱设计。他于 2009 年从波音公司的乘客满意度及营业收入部门总监的职务退休。现为英国 B/E Aerospace 航空公司顾问。

译者序言

　　1903 年莱特兄弟驾驶世界上第一架动力飞机飞上天空,实现了千百年来人类的飞行梦想,开创了人类航空的新纪元。百年后的今天,全球每年有超过 25 亿人次乘坐飞机旅行。如今,航空不仅仅是一种运输方式,而且逐渐变成了人类的一种生活方式。越来越多的旅客在选择航空旅行时,除了关注时刻、票价之外,开始越来越关注飞行的舒适性,特别是那些长途飞行的旅客。

　　舒适性是旅客的一种综合感知,每位乘客都有自己主观的对舒适性的感觉。影响舒适性的因素非常复杂,其中既有客观因素,如天气、客舱环境(压力、色调、气味、噪声等)以及机场工作人员及机组的服务和航班延误等,也有主观因素,如人的心理状态。

　　对舒适性的评价是一件非常困难的事,实现定量化评价则更具有挑战性。但是,无论飞机制造商还是航空公司,都必须关注并理解乘客的需求,不断在设计、制造和运营的各个环节改善乘客对舒适性的感知。与飞机有关的舒适性研究鲜有比较全面的著作出版。本书作者从舒适性理论分析、旅客的调查意见出发,并结合到飞机内部设计的不同方面加以深入分析,给出了一些定量数据,有助于理解飞机客舱设计中的舒适性问题。

　　当前正值我国民用飞机产业快速发展的阶段,希望本书能够为飞机制造商以及航空公司相关人员提供启发性的信息,有助于开展进一步的深入研究,进而促进航空行业的快速发展。

　　由于译者的知识水平和能力所限,译文中的不妥之处,希望读者给予谅解。

党铁红

上海飞机设计研究院总体气动设计研究部部长

前　言

目前航空领域正在开展大量的与飞机客舱设计有关的研发工作,为该领域的持续发展提供了很多机会。虽然信息共享有助于行业的发展,但是这一领域的很多研究工作和研究结果并未公开出版。

本书内容涵盖对舒适性的最新理解、10 032 位乘客的喜好以及其他关于乘客意见的研究报告等公开信息。这些内容涉及飞机客舱设计的不同方面,可以为航空公司、飞机制造商、供货商、研究人员以及设计人员提供启发性的信息。

令人欣慰的是,航空业在新机型上做得非常好,与旧飞机相比,其平均舒适性评价要高很多,这说明对客舱舒适性问题的研究带来了效果。希望《飞机客舱舒适性设计》能够为本行业的持续发展提供具有启发性的信息。

安捷·特尔诺(Antje Terno)

工程学硕士,空客运营股份有限公司客舱座椅研发经理/创新设计主管

目　　录

1 飞机制造商和航空公司应该对舒适性有哪些了解

在民航运输业中,飞机和客舱内饰的供应商已经取得了显著的进展,使乘客对新型飞机舒适性的评价与仍在运营的老式飞机相比显著提高。航空公司机票的销售在某种程度上受舒适性影响,因而改善舒适性会吸引更多乘客。不过,现在客舱舒适性已经达到了很高水平,再想进一步提升舒适性绝非易事。本书的目的是帮助识别在乘客飞行体验的不同阶段还有哪些增强舒适性的可能性。飞行体验的不同阶段包括:

(1) 设定期望值;

(2) 对舒适性的第一印象;

(3) 短时舒适性;

(4) 长时舒适性。

在每一个阶段,可以将影响乘客舒适感的输入信息进行优化,这有助于找到进一步提高舒适性的新措施。需要认识到,不仅硬件的改善可以提升舒适性,乘客的预期、客舱乘务人员的专业水平以及最终的设计在舒适体验中都起着很重要的作用。

1.1 两则关于舒适性的故事

作为一个痴迷于舒适性研究的人,在最近一次飞行中我曾问邻座的乘客,在经济舱坐了 4 个小时后感觉舒服不舒服。他回答道:"我尝试在线办理登机但没有成功,之后不得不排队半小时办理登机手续,15 分钟过安检,再坐 4 个小时的飞机简直是糟透了。没有关于空中飞行位置的信息,没有免费餐点,没有免费饮水,没有盖毯,没有靠枕,没有电影,没有游戏,没有收音机。你跟空乘服务员说过话吗?她们 4 个人好像都忘了在培训课上所学的'要礼貌友好'这一点了。在这么小的空间坐 4 个小时简直熬不到头,我的身体,尤其是膝盖和肩膀都抗议了。"

在本书第 3 章所描述的由 10 032 名乘客参与的调查中,我们的确发现了很多类似的故事,但我们也听到很多中立的和比较正面的评论。对飞行体验打分很高的一则故事是这样说的:"哇,我只需要点击 4 下就可以完成网上值机,选择紧急出口那一排的座位,而且我还得到了前往登机口的路线图。机组工作人员热情问候,提供美味的食品和饮料,还有足够的空间使用手提电脑。这比我预期的要好多了。当然,一直坐着胳膊放在前面不是最舒服的姿势,但还算舒适。在着陆前,机上还提供了一部关于目的城市的非常好看的电影,3 个小时很快就过去了。到火车站的步行距离很短,让我有很多富余时间。"

尽管这些故事只是一些个案,但它们也清楚地说明了一些因素对乘客飞行体验的重要性,对 10 032 名乘客的调查也证明了这些方面对舒适性的影响是非常重要的。对环境的第一印象非常重要,同等重要的还有乘客的预期和情感方面的考虑。另外,身体上短时间和长时间的舒适程度当然也在旅客整体舒适感方面起主要作用。

1.2　舒适性在机票销售中的作用

航空公司售出更多机票的一个策略就是提供更舒适的旅行体验。做到这一点并不容易,因为这需要航空业的许多人共同去努力:

(1) 管理层:应从乘客的角度理解舒适性并充分运用公司资源,在利润最大化的同时提供最舒适的飞行体验。

(2) 采购商:在计算新设备投资的成本收益时也需要为乘客提供更舒适的体验。

(3) 工作人员:特别是那些会和乘客密切接触的工作人员,包括网站设计人员、投诉受理人员、地服人员、飞行员和客舱乘务员等。

(4) 飞机制造商:应该具有并且实施这样的理念,即围绕乘客的飞行体验设计飞机。

(5) 飞机客舱内饰生产商:包括客舱娱乐系统、灯光照明、座椅、地毯及其他客舱内饰。

(6) 清洁及维修公司:他们使飞机的外观和功能达到最优状态。

原则上讲,航空公司可以通过降低维修成本来增加它们的边际收益。但是,根据 Brauer(2004)的研究,就一个典型的航空公司而言,维护成本降低 14%,边际收益只增加 1%,而客运收入仅增加 1% 就可以达到同样的边际收益效果。

为了增加客运收入,我们需要了解乘客选择航班的行为特点。根据 Brauer(2004)的研究,大多数乘客会首先以最优的价格选择最方便的线路和离港时间。在价格相近时,乘客对在同等便捷的航班之间选择哪一个是不会很在意的,这种情况下,就要靠其他方面来打破势均力敌的局面。这些方面包括舒适性、服务、航班正点率以及营销计划,如飞行常旅客奖励计划等。对于短途飞行,正点率更重要,而对于长途飞行,舒适性和服务方面起着最重要的作用。在上述航班选择范式下,乘客个人永远不会选择为了更舒适而支付更多的费用;然而,受乘客偏爱的航空公司,他们的收入管理系统的确会通过减少以折扣票价销售的座位数来应对需求的增加,并因此得益于较高的上座率,获得更大收益。

虽然航班时刻和价格是乘客选择飞机的主要决定因素,但事实上,有些乘客的确会为能够乘坐他们喜爱的航空公司的飞机,而选择不太方便的航班或票价有点高的航班。这样做的原因有很多,如果是缘于舒适性的话,那么舒适性在机票销售中的价值就变得显而易见了。

1.3　使乘客感觉舒适有难度

一个很难让飞机变得更舒适的因素就是:每位乘客感觉他/她是否舒服是由自己决定的。至少有一件事情乘客比飞机制造商、客舱乘务员和航空公司管理者知道得更多,那就是乘客自己的舒适感。我们不能回答某一位特殊的乘客是否在飞机上感觉舒适这样的问题。只有乘客自己能做到这一点。这就是为什么舒适性设计或以舒适性为评价指标是那么困难的原因之一,因为每位乘客都有自己对舒适性的主观判断。

1.4　好消息:让乘客感觉更舒适是有可能的

本书第3章关于10 032名乘客的研究表明,人们普遍认为新机型在舒适性方面明显优于旧机型。这些发现应该能使那些致力于该行业的人对他们在提升舒适性方面的工作感到满足。他们已经证明,改善舒适体验是有可能的。从这一新的标准出发,进一步提高舒适性就变得更困难了。然而,进一步提高舒适性仍然是可能的,因为在使乘客感觉舒适方面会有更多的认识产生。

本书提供的知识也许对读者来说是新的,或者这些知识可能只是肯定了读者自己的认识和直觉。不管怎样,当这些知识应用于管理乘客飞行体验的日常工作时,它们可以进一步改善这方面的工作。虽然不容易,但不是没有可能。为了使这项工作容易些,有必要区分一下影响舒适体验的不同阶段,每一个阶段都具有其针对性的服务和设计要求。

根据多年的对舒适性的研究(Vink,2005),我们区分了不同的舒适体验阶段(表1-1):

(1) 建立期望值;

(2) 对舒适的第一印象;

(3) 短时不适;

(4) 短时舒适;

(5) 长时不适;

(6) 长时舒适。

区分舒适体验过程中的这些阶段是很重要的,因为每一阶段的改善需要不同的途径,仅仅关注于某一阶段是不够的。如果你增加了长时舒适,减少了不适感,但是如果在宣传册、网站或是进入飞机时看不到,那么这些改进措施对销售的影响就不如将它们反映在所有相关阶段时更有效果。另一方面,如果有非常好的宣传册和网站,乘客的预期会很高,而实际的飞行体验却可能会令人失望。由 Blok, Vink 和 Kamp(2007)所做的一项调查显示,商务舱乘客对舒适性的评分与经济舱乘客的评分没有显著差异。评分量级由 0 到 10,10 表示最高舒适性,二者的分数都在 7 左右。因此,比较合理的解释是商务舱乘客预期更多,因而更挑剔,导致舒适性评分和经济舱几乎一样。如果我们让前次飞行体验很糟糕的乘客对随后的乘机体验评分,那么他们对舒适性的打分会明显高于那些没有前次糟糕飞行体验的乘客。毫不奇怪,当某位乘客因经济舱无座而升级到商务舱时,他所给出的分数会明显高很多。预期的重要性意味着飞机制造商、航空公司以及机组人员在对待飞行常旅客时,必须要清楚地知道其他飞机和其他航空公司所提供的飞行体验,因为如果乘客支付了同样价钱,他们就期望得到和以前的飞行体验一样的服务和舒适性。

1.5　舒适性理论

你可能看到这一节的标题后感觉有点乏味,这说明你对本节内容的预期很低。你会认为这一节的内容较难,没有什么意思。这会影响你阅读的方式。这一原则也同样适用于对舒适性的感觉。表 1-1 已经列举了舒适性理论的第一部分,即不同阶段对舒适体验都有重要的影响。期望值是第一步,宣传册、网站、之前的飞行体验、朋友的评论等都会给人一种期待,从而影响舒适体验。

表 1-1　影响舒适性的可能性

舒适过程的不同阶段	改进的可能性
期望值	优化宣传册、网站、登机系统、座位选择
第一印象	令人愉悦的入口、好看的客舱装饰、宽敞的座位空间
短时舒适	机组人员积极的关注、一件私人小礼物
短时不舒适	座椅感觉良好,没有障碍、没有压力、身体没有压迫感
长时舒适	来自机组人员的超出预期的热情关注、流行电影、良好的视觉效果、乘客进行某些活动的可能性
长时不舒适	有变换姿势的可能、合理的形状、座椅的缓冲性
恢复或确认	告知乘客这次不愉快的经历只是一次异常,为乘客提供申诉的可能性,或者肯定这次的愉快飞行体验

你进入飞机客舱的那一刻,你也就有了第一印象。第一印象在飞行中确实会影响舒适体验。这种印象可能会和落座后的感觉不一样,但还是会有影响。在一个测试宝马新车座椅的实验中,其中一个座椅表面由一块块不同的颜色组成(Bubb,

2008),看起来很不舒服的感觉。尽管它和另一个黑色的座椅形式构造完全一样,但是它的舒适性第一印象评分很低。即使是在试坐中,刚开始它的舒适性评价也是很低。这听起来可能有点儿奇怪,因为你坐上去的时候就再不会看到那些颜色块了。由此可见,第一印象对整个舒适体验是非常重要的。

当你边读这些边想到自己的舒适程度时,可能会突然有些想法。你可能因为房间里干燥或太热而觉得很不舒服。你可能感觉臀部有压迫感,也可能觉得臀部和座椅不合适或者你没有合适的腰部支撑。

你也可能感觉很舒服,因为你有好友陪伴或你正在一个豪华舒适的酒店房间。你可能因为读这本书以及令人愉悦的文字和态度而感觉很舒服。或者,你可能因我对这一话题的热情而觉得振奋,因为这的确是吸引新乘客、销售产品、或是使人们在飞机上感觉像在家一样舒适的一种途径。

通常,你根本不会考虑舒适的问题。你没有感觉到什么不适。读本书时出现这种情况的可能性很小,因为我试图在努力让你意识到舒适这一概念。

也许你注意到在不舒适和舒适之间已经有了区分。文献中的一些研究表明,坐着时,不舒服的感觉与压迫点以及僵硬度的关系更密切。另一方面,舒适感与奢华享受和茶点餐饮密切联系(参见 Helander & Zhang, 1997)。本书也对此进行了区分。在你刚刚坐到座位上(短时)或坐了几个小时(长时)之后,都会有这种舒适或不舒适的体验。区别这一点是很重要的,因为这需要设计者、管理层以及机组人员的参与和努力。

1.6　舒适性的表现

舒适性可以有 3 种表现:①不舒适;②舒适或舒服;③没什么感觉或没什么不舒服。我会把这 3 种表现放到一个理论框架中。首先描述一下赫兹伯格(Herzberg)、莫斯纳(Mausner)和施尼德曼(Snyderman)的动机理论,因为我的框架和这个动机理论很相似。20 世纪 50 年代末,很多人都认为赫兹伯格(Herzberg)是动机理论的先驱。他采访了很多职员,目的是找出什么使他们对自己的工作满意或者不满意。根据赫兹伯格(Herzberg)的研究结果,物质因素并不能激励员工,但如果处理得当,它们可以将不满意最小化。换句话说,它们只有在不合适的时候才会引起不满。不满和公司政策及薪金有关系(表 1-2)。另一方面,激励因素可以通过满足个体对意义和自我发展的需要而使人产生满足感。诸如工作本身以及晋升等方面都和满意度有关。

在舒适性方面,可以做出相似的划分。没有不舒适的感觉并不会自动导致舒适感。当体验到的比所预期的更多时,人们才会感觉到舒适。Zhang, Helander 和 Drury(1996)以及 Helander 和 Zhang(1997)的研究证实了这一点。在调查问卷的基础上,他们发现不舒适的感觉更多地和环境的物理特征有关,像姿势、僵硬感、疲劳感等(表 1-3)。在没有不舒适感的情形中,乘客往往什么感觉也没有。若要感觉到舒适性,则需要更多的体验。也就是说,舒适性和奢华享受、放松程度和茶点餐饮有关。

表 1-2　影响满意度和不满意的因素

不满意	满意
公司政策	工作本身
管理过程	成就
薪金	认可度
工作条件	晋升

资料来源:改编自 Herzberg,F. , B. Mausner, B. B. Snyderman 1959. The motivation to work(《工作动机》), Somerset, NJ: Transaction Publishers.

表 1-3　影响坐姿舒适与不舒适的因素

不舒适	舒适
疲劳	奢华享受
疼痛	安全
姿势	茶点
僵硬	健康快乐
沉重的双腿	放松

资料来源:改编自 Zhang, L. , M. G. Helander, C. G. Drury. 1996. Human Factors(《人因工程学》),38(3):377-389.

因此,我们可以划分出舒适的 3 个条件:

(1) 不舒适:因为环境中的物理因素干扰使参与者感觉到了不舒服。

(2) 无不适感:参与者没有意识到自己没有不适感。

(3) 舒适感:参与者明显体验到比预期更多的舒适感,感觉很舒服。

另外,在时间上有 5 个阶段很重要,在努力优化舒适体验的时候应该予以考虑。它们是:期望值、第一印象、短期舒适、长期舒适以及"后舒适服务"。事实上,减少不舒适或提升舒适性的机会就存在于这 5 个阶段。下一节将举例说明影响舒适和不舒适的因素。

1.7　产生舒适感和不适感的输入信息

图 1-1 形象地给出了产生舒适感或不适感的各种输入信息的图解。在图的右侧给出输出结果:舒适、无不适感、不舒适。这种舒适与不舒适的体验结果部分源自我们自身的感受,我们之前的舒适体验以及我们当前的状态是兴奋还是放松。舒适感和不舒适感还可能由一些外部激发因素(输入信息)引起。这些输入因素在图 1-1 的左侧给出。举一个例子:我们的感官感知到压力。在这个信息输入后,选择与权衡过程就开始了。我们这种感知到压力的状态和过去的经历会影响这些权衡过程,在这些过程的基础上,产品引起舒适感、不舒适感,或者没有任何感觉。

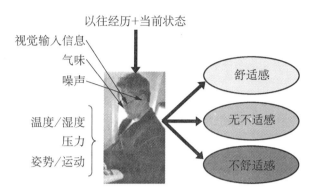

图 1-1　舒适感输入/输出图示。舒适与不适的感觉取决于感官所记录
的输入信息和信息处理过程,信息处理过程受当事人过往经历
和目前状态的影响。

  本节将分别描述影响舒适感与不适感的模型中每一个因素。在现实中,这些因素不是孤立存在的。目前还不能确切了解这些因素的相互关系,也不知道每个因素对整个舒适体验的作用如何。这就是为什么要在尽可能接近自然场景的环境中对处于设计阶段的产品进行试验,并且要测试每一个产品或方法。这样做是非常必要的。本书第 3 章将阐述舒适飞行体验中不同阶段的影响因素,并分析这些因素的不同影响程度。

1.7.1　历史经验

  以往经历会影响舒适性的体验。理解这一点对产品设计人员和机组工作人员是很重要的。客舱内部至少应该达到乘客已经习以为常的舒适程度。在荷兰,不能调节的办公座椅会让人觉得很不舒服,因为荷兰几乎每一个办公室职员都已经习惯了可调节的椅子。穴居的原始人是不会出现这种问题的。当然,这只是一种假设,因为现在很难通过实验来获得原始人的想法。我们总是用过去的经历作为参考来评价一个产品的外观和风格,也总是参考已有的经历来评价得到的服务。这意味着产品设计人员和空乘服务人员应该知道目标人群的过去经历。商务舱乘客对欢迎饮品以及可以调整到各种位置的座椅已经习以为常。在我们所进行的 10 032 名旅客参与的调查中,没有提供这种服务的航班的舒适性评分明显低于其他航班。通过开展大量针对座椅的研究,现在已经能够做到把它们调整到一个最舒适的位置。2008 年末,Zenk 博士进行了一系列宝马车智能座椅的实验,测试对象给予这种座椅极高的评价(Zenk,2008)。另外一项新研究发现,人们在看屏幕的时候喜欢把脚抬起来(图 1-2)。2008 年,工业设计师 Rosmalen 等人(2009)基于这一原则测试了一种新型休息室座椅,受试对象对此给予积极肯定。如果一些航班的商务舱能够提供这些座椅的话,乘客自然会选择这些座椅,从而影响他们对舒适性所做出的评价。

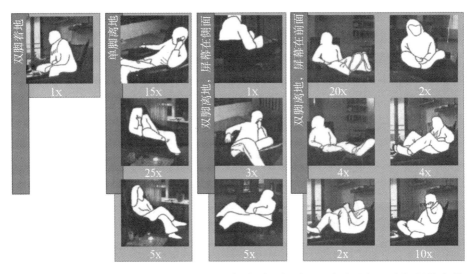

图 1-2　Rosmalen 等人(2009)发现,如果人们在看电视时可以自由选择一个舒服的姿势,
　　　　那么他们的双脚往往会离开地面。图片显示的是经常看到的一些姿势。

1.7.2　心理状态

我们的心理状态也会影响对舒适感和不适感的体验。如果登机前你刚走或跑了几个小时,那么和你刚刚在登机口坐等了 3 个小时相比,椅子可能就会显得更舒服些。如果你有个重要的约会,必须准时到达,那么你在飞机上的心理状态和你只需去酒店,对到达时间有更多的自由度是完全不一样的。这些都会影响你的舒适体验。在所调查的 10 032 份旅行报告中,对舒适性的评分也体现了这些因素的影响。所有飞行旅程的舒适性评分平均为 7,而经历晚点 4 h 以上的乘客给出的舒适分数平均只有 5.8。言行粗鲁的空乘人员对舒适性得分的影响更大。如果在航班上飞行员没有提供任何飞行信息,而且空勤人员对旅客不礼貌的话,乘客给出的评分只有2.4。即便是没有给予乘客足够的关注也会使舒适性平均分降到 3.9。因此,情绪、感觉以及心情在人们评价产品时起着重要的作用。

1.7.3　视觉信息

视觉信息也会影响我们的体验。视觉信息在舒适感体验中扮演着重要的角色,是影响舒适感的第一印象。人看到一个物体的形状、大小、光泽度和亮度,然后对它的舒适性形成一种印象。这种视觉印象不具有客观性,是一种心理反应(Nefs,2008)。例如,当物体由轻型材料制成时,它们可能看起来更平滑。舒适感不仅仅受样式和外表的影响,认识到这一点很重要。颜色也会起作用。Kuijt-Evers(转自Bronkhorst 等,2001)的实验显示,49 名经验丰富的办公室职员根据视觉信息认为4 把办公室座椅中有 1 把不太舒服。4 把椅子中有 1 把是棕色的,其他几把颜色更鲜亮一些。棕色椅子被认为不太舒服,尽管所有椅子的形状和材质都是一样的。但是和最初的评价相反,在使用一段时间后,这把棕色椅子得到了肯定的评价。

1.7.4　气味

气味同样影响我们对舒适性的感知和认识。不同的研究者(如 Theimer,1982)都证明气味会影响我们的体验,但我们多数人没有意识到这种影响。气味甚至影响我们的性行为、攻击性和自我防卫行为。我们能感知某些气味,气味能向我们警示危险。我们能闻到食物的腐坏味儿或远处大火的烟味,从而变得警觉。根据舒适性领域专家 Bubb(2008)的研究,气味是最基本的影响因素(图 1-3)。当你的邻座放屁时,你会不自觉地把身子移开来躲避这种气味,在气味难闻的情形中你是很难感觉舒服的。与别的输入信息一样,每个人的反应不同,但飞机上难闻的气味明显会影响到大多数人的舒适感。在这种情况下,关于气味的信息也很重要。

图 1-3　基于 Bubb(2008)研究结果的不适感金字塔。难闻气味对舒适感的影响非常大,超过了所有其他方面。事实上,气味、照明、振动、噪声和气候环境等因素目前在飞机上的标准都比较高,这就使得人体测量学成了关注的焦点。如果其他因素无法让人接受,那么对人体测量学的关注也就没什么意义了。在商业飞行中,服务因素可能会位于金字塔中人体测量学的上面。

Distel 和 Hudson(2001)的实验研究表明,与来源不明的气味相比,当受试者知道产生气味的产品时,往往会容易接受这种气味。

1.7.5　噪声

噪声会对舒适感有正面影响,或对不适感有负面影响。推土机工作时引擎发出的噪声会引起不舒服的感觉(Vink,2005),但著名机车品牌哈雷戴维森发出的声音对一些人来说则是一种音乐。Egmond(2008)认为,听觉的使用对许多人来说是无意识的。例如,水沸腾的声音会告诉我们做饭的进度。在飞机上,声音可以使我们感觉舒适。在起飞过程中,引擎发出的噪声是人们意料之中的。然而,在飞行达到巡航高度后,乘客可能会意识到发动机噪声的降低,如果没有给出明确的解释,不明白噪声水平降低是怎么回事,那么他们可能就会感觉不舒服。根据 Bubb 的不适感金字塔(参见图 1-3),噪声对舒适的影响超过了符合身体特征的座椅的影响(人体测量学)。

至此,我们已经涉及了与人体感官有关的信息。就视觉而言,感官是我们的眼睛,而对于噪声,我们使用的是耳朵,但是对其他一些信息输入,感觉器官遍布全身,输入的信息由不同的器官共同提供。因此,在给出的模型中(见图 1-1),这些输入信息归为一组。

1.7.6　温度与湿度

温度和湿度也和舒适性相关。在互联网上搜索舒适性,很多信息主要都是关于温度和气候问题。空调、办公室温度、干燥程度、湿度等经常和舒适性联系在一起。令人愉悦的室内环境往往不会被人注意到,但是过高或过低的气温却会引起人们的注意,让人觉得不舒服。最大的室内空气质量系统的生产商之一 Carrier 认为,室内空气质量是写字楼租赁合同不能延续的最重要的原因(www. carrier. com)。这当然不是很客观,但它也表明室内空气质量的重要性。很多研究表明控制你自己的室内气候环境可以影响你的舒适感(Lee & Brandt,2005;Bordass & Leaman,1997)。在我们对 10 032 名旅客的调查中,乘客很少把舱内小气候当作问题提出来(不到 5%)。这表明目前的飞机装备不错,能够提供让人接受的舱内气候环境。如果报告中提到这个方面,有时空乘人员就能够解决这些问题。空中服务员会愿意调节舱内温度。然而,在一些情况下,乘客会觉得自己没有受到认真对待,他们的投诉没有得到解决或者他们没有被告知为什么温度没调节。报告中也提到了空气干燥问题,尤其是长途飞行。在这些情况下,乘客指出他们的眼睛、鼻子或嘴巴感觉很干,呼吸不畅。然而,如果有下列情形,舱内气候环境确实会对舒适性评分产生负面影响:冷气、空乘人员不愿意调节温度(或没有解释为什么不做调整)、高温、空气干燥或脚冷。

1.7.7　压力与触觉

有很多研究显示压力和不适感的关系(Goossens,1998;Goossens,Teeuw,Snijders,2005)。我们皮肤上有传感器来感受压力。一般来说,座椅或扶手和人体之间压力的均匀分布会减少不适感。文献资料调查研究表明(Looze,Kuijt-Evers,Dieen,2003),在所有的客观评价方法中,压力和不适感的关系最明显。在这方面,Goossens,Teeuw 和 Snijders(2005),Mergl(2006)以及 Zenk(2008)已经做了一些引人注目的工作。Goossens 及其同事的研究显示,受试者能够感知到臀部所受压力的细微差别,而且能把这种感觉转化为不适感。Mergl 绘制了一幅人体压力图以说明理想座椅的压力分布(见第 2 章)。理想压力分布会使舒适性评分提高。除了压力,我们还有触觉。座椅扶手的质地和纹理结构也对舒适感有影响。Sonneveld(2007)在她的博士论文中描述了我们在设计过程中如何能将这些感觉考虑进去。

1.7.8　姿势与运动

由产品决定的姿势和运动也能导致不适。长期来看,不适甚至可能导致肌肉骨骼疾病(Hamberg,2008)。在欧洲第四次工作条件调查(Parent-Thirion 等,2007)中,最常提到的健康问题就是肌肉骨骼疾病(背痛和肌肉痛)。在欧洲所有工作者中,患背痛的人占到了三分之一,而患肩颈痛的人几乎有四分之一,因此,这个问题非常突出,需要重视。这就迫使设计人员要设计出能够降低肌肉骨骼疾病可能性的产品。在设计过程中,需要通过实验证明不适感减少了,以防止产品对肌肉骨骼的伤害。如果你使用已经得到证明的方法测量局部姿势的不适,那么你甚至可以预测到人们的抱怨(Hamberg,2008)。科学家越来越赞同的一个观点是,坐本身并不是背痛的危险因素。Nordin(2005)对所有较权威的流行疾病研究中关于坐姿和背痛关系的研究做了一个综述,她得出的结论是,不能证明二者之间有联系。有证据证明背痛和受限制的坐姿或者伴随振动的坐姿有一定关系,但是就坐本身而言,没有证据证明二者的关系。为了避免受限的坐姿,飞机应该使姿势变换成为可能,这一点很重要。

1.8 影响输入信息的人

舒适性模型可以帮助确定最应该关注哪些方面。美学方面是值得关注的,因为它影响视觉输入信息,另外还需要注意影响嗅觉和声音的气味和噪声。可以将通风、湿度和温度最优化,还可以改变座椅形式来影响压力分布和姿势变换,这些都是设计人员和工程师可以做到的。当然,这些方面都很重要,但维护和清洁的管理对舒适性也有非常大的影响,因为飞机上不能正常工作的娱乐设施、损坏的座椅部件以及脏乱的内部环境会增加乘客的不适感。"情感"方面是应该好好关注的一个领域,这在一定程度上由产品决定。与产品本身间的互动是一种情感体验。有很多研究表明,一个糟糕的台灯会影响使用者的情绪(Ross,2008),另外也有大量的信息指出如何才能设计出在情感方面非常吸引人的产品(Schifferstein & Hekkert,2007)。情感也受服务的影响。正如前面 Blok,Vink 和 Kamp 的研究(2007)所描述的,空乘人员的作用非常大。我们可以通过两份报告为例来证明这一点,这两份报告对舒适性的评分分别是 0 和 1。

办理登机手续的地勤人员很无礼,我想及时登机,但他一直在和朋友打电话。飞机上的服务和地面差不多。我旁边的乘客病了,我按了呼叫器,但是没有乘务员过来。我去飞机前舱向乘务员解释我刚才按了呼叫器,但她们仍然在那儿互相聊天,很平淡地回答说:"呼叫器对我们来说真是个烦人的东西。"在我让她们相信有一名乘客生病后,她们才愿意送点水过去。但是,我觉得在这种情况下,乘客需要的不仅仅是水,更需要关心和询问。飞行员提供的信息我听不明白,因为他对着麦克风说话的声音太大了。另一名乘客请乘务员帮她填写入境申报单,但乘务员却说自己"太忙了"。我没觉得她们有多忙,因为她们好像--直聚在飞机前部聊天说笑。

我试图使用网上值机,但登机系统不停给我错误信息。在机场,没有一个自助登机设备能打出登机牌。我不得不排队等候,在等了 20 分钟后,我向工作人员说了这个问题,但没有任何回应。办理登机手续的工作人员只是给我打印出了登机牌。在商务候机室,服务台的工作人员在看报。等了一会儿后,他才让我进去。休息室乱糟糟的,食物大部分都吃完了,报纸和餐具堆得到处都是。广播通知登机,但我到了登机口后又不得不等了 35 分钟。机组乘务员也没有让飞行变得舒服点儿。他们跟乘客说话的方式很生硬,而且总是忘记为一些乘客服务。

在这两种情况中,显然地勤人员、负责网络服务的工作人员、飞行员以及乘务员确实还有提升舒适性评分的空间,也有提高乘客再次选择该航空公司航班可能性的空间。这些情形中,昂贵舒适的座椅不会对机票销售有任何作用。我想强调的是,在这种情形下,不仅仅是设计人员、工程人员、供货商或制造商决定舒适性评价,管理层和航空公司的其他工作人员往往所起的作用更大。自助登机系统(在线或在机场)在运转正常时能够增强舒适性体验,但当系统不能正常工作时反而会有负面影响。当然,乘客自己能做多少是有限度的。当让乘客决定飞机需要装载的燃油量时,乘客的舒适感会急剧下降。

参考文献

Blok M, Vink P, Kamp I. Comfortable flying: Comfort in aircraft interiors seen through the eyes of the passengers (in Dutch) [J]. Tijdschrift voor Ergonomie, 2007, 32(4):4 – 11.

Bordass W, Leaman A. Strategic issue in briefing, design, and operation future buildings and their services. Strategic considerations for designers and clients [J]. Building Research and Information, 1997, 25(4):190 – 195.

Brauer K. Convenience, comfort, and costs [R]. Presentation at the aircraft interior EXPO 2004, 2004, 30 March, Frankfurt.

Bronkhorst R E, Kuijt-Evers L F M, Cremer R, van Rhijn J W, Krause F, de Looze M P, Rebel J. Emotion and comfort in cabins [M]. (in Dutch, 2001.). Report TNO, Hoofddorp: TNO Arbeid. Publ. nr. R2014871/4020054; confidential.

Bubb R. Sitting comfort [R]. Paper presented at IQPC aircraft interior innovation. 11 November 2008. Hamburg.

Distel H, Hudson R. Judgement of odor intensity in influenced by subjects knowledge of the odor source [J]. Chemical Senses, 2004, 29:199 – 208.

Egmond R van. The experience of product sounds [A]. In Product experience, eds. Schifferstein N J, Hekkert P. Amsterdam: Elsevier, 69 – 90, 2008.

Goossens R H M. Measuring factors of discomfort in office chairs [C]. In Global ergonomics, ed. Scott P A. Proceedings of the Ergonomics Conference. Amsterdam: Elsevier Science, 1998.

Goossens R H M, Teeuw R, Snijders C J. Sensitivity for pressure difference on the ischial tuberosity [J]. Ergonomics, 2005, 48(7):895 – 902.

Hamberg-van Reenen H. Physical capacity and work related musculoskeletal symptoms [R]. Proefschrift, Vrije Universiteit, Amsterdam, 2008.

Helander M G, Zhang L. Field studies of comfort and discomfort in sitting [J]. Ergonomics, 1997, 40:895 - 915.

Herzberg F, Mausner B, Snyderman B B. The motivation to work [M]. Somerset, NJ: Transaction Publishers, 1959.

Lee S Y, Brand J L. Effects of control over office workspace on perceptions of the work environment and work outcomes [J]. Journal of Environmental Psychology, 2005, 25: 323 - 333.

Looze M P de, Kuijt-Evers L F M, van Dieën J H. Sitting comfort and discomfort and the relationships with objective measures [J]. Ergonomics, 2003, 46:985 - 997.

Mergl C. Entwicklung eines verfahrens zur optimierung des sitzkomforts auf automobilsitzen [D]. PhD disser. Technical University, München, 2006.

Nefs H A T. On the visual appearance of objects [A]. In Product experience, eds. Schifferstein N J, Hekkert P. Amsterdam: Elsevier, 9 - 40, 2008.

Nordin M. Zusammenhang zwischen Sitzen und arbeitsbedingten Rückenschmerzen [A]. In Ergomechanics, ed. Wilke H J, (10 - 35). Aachen, Germany: Shaker Verlag, 2005.

Parent-Thirion A, Macías H F, Hurley J, Vermeylen G. Fourth European working Conditions Survey [R]. The European Foundation for the Improvement of Living and Working Conditions, Dublin, 2007.

Rosmalen D van, Groenesteijn L, Boess S, Vink P. Seat comfort requirements for watching a screen [J]. Journal of Design Research, 2009, 8(1):87 - 100.

Ross P. Ethics and aesthetics in intelligent product and system design [D]. PhD thesis Technical University, Eindhoven, The Netherlands, 2008.

Schifferstein N J, Hekkert P, eds. Product experience [M]. Amsterdam: Elsevier, 2007.

Sonneveld M. Aesthetics of tactual experience [D]. PhD thesis, Technical University, Delft, The Netherlands, 2007.

Theimer E T, ed. Fragrance chemistry: The science of the sense of smell [M]. New York: Academic Press, 1982.

Vink P, ed. Comfort and design [M]. Boca Raton, FL: CRC Press, 2005.

Zenk R. Objektivierung des Sitzkomforts und seine automatische Anpassung [D]. PhD thesis, Technical University, München, 2008.

Zhang L, Helander M G, Drury C G. Identifying factors of comfort and discomfort in sitting [J]. Human Factors, 1996, 38(3):377 - 389.

2 关于飞机客舱舒适性的其他研究

第3章中介绍的飞机客舱舒适性的内容不是本领域的唯一研究,本章会介绍一些以前所做的重要研究。Konieczny(2001)曾就这一课题完成了他的博士论文。他分别研究了乘客在不同阶段的舒适体验,并提出乘客飞行前的感觉会影响舒适性。其中一项研究工作完成于1977年,有意思的是,当时的研究中提出膝部活动空间是影响舒适性的主要因素,而这一点在Block,Vink和Kamp(2007)的最新研究中也被看作是一个主要问题。当然,在1977年时乘客提到的吸烟烟雾问题已经不再有效。台湾的一项研究强调了工作人员、好的网站及机上娱乐等方面的重要性,这些问题在本书的其他章节也会提到。美国一项研究强调了视线高度的座椅宽度以及三座配置方式的重要性。

2.1 关于飞机舒适性缺少实质性研究

当然,明智的做法就是先找出之前的关于飞机客舱舒适性的研究。然而,科学文献的调研表明关于飞机客舱舒适性的研究特别少。对此的一种解释是其实飞机制造商和航空公司在这领域还是有很多研究的,但他们不能公开这些信息。飞机座椅制造商绝对不会将其独特的舒适性研究告知他人。从在客舱内饰设计贸易展销会和《国际飞机客舱设计》杂志(*Aircraft Interiors International*)上展示的客舱舒适性方面取得的成果,可以推断飞机座椅制造商和航空公司开展了大量的有关舒适性的重要研究。另一种可能的解释是,当一个产品已经能够提供很好的舒适性时就缺少开展进一步研究的动力。但是另一方面,有关研究成果的信息共享很重要,因为我们知道乘客期待的是航空公司舒适性水平的稳步提高。

在科学文献数据库(Science-Direct)中搜索关键词为"飞机客舱舒适性"的文献资料,搜索到的大多都是关于声音/噪声及空气质量的论文。2009年2月1日的搜索结果中,44%的论文是研究声音/噪声的,而29%是关于空气质量的。在斯高帕斯数据库(Scopus)中搜索所显示的也是相似的结果。其余的研究大多集中于非常具体的飞机零部件。例如,Rickenbacher和Freyenmuth(2008)所描述的是一个针对商务舱座位的新的气动系统,它可以调节为稳固的直立位置和柔软舒适的斜倚位置。还有一些论文讨论了研究舒适性的方法。例如,Brindisi 和 Concilio(2008)介绍了一种方法,通过神经网络方法研究乘客对飞机座舱内舒适性的感知。不过,本章将更多地描述与飞行途中飞机客舱舒适性研究相关的一般舒适性研究。从以下将要提到的研究中会很清楚地发现各因素之间的互相影响。飞行前的经历会影响机上的舒适感;相比无噪声的环境下,噪声的增加甚至可以让乘客感觉颈部更加疼痛。可能是当噪声干扰人体系统的运转时,一个人就会感到恼怒紧张,因而导致颈部的疼痛。另一项研究表明,空乘人员的态度对乘客的影响很大。下面将提到的一项台湾开展的研究表明,空乘人员在提供服务时的积极态度是最重要的因素。

2.2 一项经典研究

Richards 和 Jacobson(1977)是首批研究乘客舒适性的人员之一。他们对 861 名乘客进行了调查,其研究结果到现在仍然令人关注,因为目前一些结果仍然有效。他们计算了几个影响舒适性因素的伽玛系数。这是一种统计学方法,如果伽玛系数较高,影响因素与舒适性之间关联的概率也会很高。20 世纪 70 年代人们认为最具影响力的因素包括:腿部空间、座位特点及飞机的运动。也有乘客提到不希望吸到邻座乘客吸烟的烟雾问题。当然,吸烟问题现在已经不会再碰到了。

在目前的研究中,腿部空间是一个重要的因素。Richards 和 Jacobson 也发现当腿部空间从 24 in(1 in = 2.54 cm) 增加到 27 in 时,乘客满意度大幅增长。如表 2 - 1 中所示,人们常常用座位宽度不够或腿部空间不足来评价他们坐的飞机不够舒适。

表 2 - 1 引起不舒适的因素及整体舒适性评判间的伽玛系数

因素	舒适性/(%)	因素	舒适性/(%)
腿部空间	.54	噪声	.41
座位硬度	.54	前后移动	.40
座位宽度	.52	突发下降	.35
座位形状	.51	空气流通	.31
工作空间	.49	转向	.28
侧向活动	.48	照明	.27
座位调整	.47	温度	.27
上下活动	.46	压力	.26
一般振动	.44	吸烟问题(烟雾)	.23
突发颠簸	.43	气味(臭味)	.15

资料来源:改编自 Richards, L. G. , & I. D. Jacobson. 1977.
Ergonomics(《人体工程学》), 20:499 - 519.

2.3 德国关于飞机客舱舒适性的研究

Konieczny(2001)最近开展的一项关于飞机舒适性的研究很有说服力。他从研究飞机客舱的硬件和软件因素入手(见表 2-2)。飞机内硬件因素包括座椅、机上娱乐设施及行李存储系统。

表 2-2　影响乘客乘机舒适性的各种因素

硬　　件：座位、客舱娱乐系统(IFE)、储存空间、卫生间、客舱内饰、空气/舱内环境、飞机的运动、噪声。
软　　件：餐食/饮料、卫生、烟雾、延误、信息、机组。
人员因素：机组、邻座乘客、个人特点。
声　　誉：环境

资料来源：摘自 Konieczny，G. 2001. 柏林科技大学博士论文。

　　在饮食、航班晚点及资讯等方面都涉及软件。此外，Konieczny 对人员因素(机组,邻座,个人特征)和声誉做了区分,他对以上的每一方面都做了进一步说明,对936 个受试者登机前、飞行中及下机后的舒适感进行了调查。这些受试者需要完成一个调查问卷,然后 Konieczny 用探索性因素分析法分析结果。

　　有趣的是,本书第 1 章表 1-1 给出的舒适性模型中有一些特点与 Konieczny 的研究十分吻合。Konieczny 还区分了舒适的不同阶段：

　　(1) 期望值：个人对飞行的态度及飞行恐惧,还有航空公司的声誉；

　　(2) 飞行前在机场候机时的体验；

　　(3) 飞行中的体验；

　　(4) 飞行后的体验。

2.3.1　飞行前的体验

　　对飞行的态度、恐惧感以及航空公司的声誉都会影响飞行前的体验,硬件设施(例如机场标识)、软件设施(如候机)以及人员因素(如工作人员的能力和素质等)也同样对飞行前的体验有影响(见表 2-3)。Konieczny(2001)已确定了这些因素与飞行前乘客的舒适感的相关性(例如,图 2-1)。他发现相关性最高的是对飞行的恐惧($r = 0.492$)、对飞行的态度($r = 0.366$)以及机场标识($r = 0.301$,图 2-2)。前两个因素很难改变,然而我们可以利用大量的知识来改进机场的标识。将该研究推广到其他国家时应该注意,这些相关性的结果可能会不适用于其他国家,因为受试者大多数是德国人。此外,德国机场一般秩序都很好,基本都能做到排队等待,而在其他的一些国度中,人们长时间等待会产生更多的问题。

表 2-3　影响乘客乘机舒适性的乘机前的各个因素

硬　　件：机场标识、步行距离、座椅安排、卫生间、购物环境、吸烟设施
软　　件：候机、登机
人员因素：工作人员的职业素质、个人支持与配合

资料来源：取自 Konieczny，G. 2001. 柏林科技大学博士论文。

图 2-1　当乘客坐在商务休息室休息时，他所看到的场景甚至会影响其在飞机上的舒适体验。

图 2-2　机场标识也会影响到乘客的舒适体验。

2.3.2　飞行途中的体验

同样，过去的经历也会影响飞行体验。Konieczny 发现飞行中的舒适感与飞行前的舒适体验（$r=0.407$）、飞行恐惧（$r=0.492$）及对飞行的态度（$r=0.367$）等相关性较高，与其他因素的相关性则较弱。

例如，飞行期间舒适性方差的 55.2% 可以归结为 8 组因素。事实上，这些也是最主要的影响舒适性的因素。这些因素包括（按重要性的顺序由高到低排列）：

（1）登机之前的舒适感；

（2）飞行恐惧；

（3）座位空间；

（4）对飞机的熟悉程度；

（5）航班到达目的地后的等待；

（6）对待飞行的态度；

（7）航空公司的声誉；

（8）座椅靠背的调整。

本研究最吸引人的部分是分析了几个因素的相对重要性，这些有助于按照轻重缓急确定改进的优先顺序。

许多机场和航空公司尝试改善飞行前的舒适性。按照本研究的观点,关注飞行前的体验是很有意义的。当游客游览结束后,在机场可以向他们展示一小段介绍片,包括回顾他们刚刚在该国游览的那些难忘的景点,同时做飞行准备。这项服务是专为国际出港航班乘客设计的,还包括机票和护照检验、安全检查、行李称重、发登机牌、行李登记、机场托运等。这就大大减少了游客所需的提前抵达机场的时间,让他们能够在飞机起飞前 55 min 到达护照检验处就可以了。节省下来的时间游客可以游览所展示的景点,结束本次该国的游览。这是一个典型的影响飞行前舒适体验的例子,这的确是对飞行前的舒适感有影响,而且还能够吸引旅客。

2.3.3　飞行后的体验

这种体验受飞行前和飞行途中的期望和感觉所左右。着陆后的舒适性与其他因素的相关性系数分析可知,飞行前舒适性（$r = 0.407$）和飞行期间的舒适性（$r = 0.563$）两个因素最高。其他重要因素还包括在机场的步行距离（$r = 0.19$）和机场标识（$r = 0.189$）。

这项德国出色的研究提供了很有价值的信息并表明飞行前和飞行本身是影响总舒适性的主要因素,因为这些会关系到乘客下一次飞行是否会选择同一家航空公司,这是值得认真考虑的。

2.4　台湾一项针对服务、价值认知及满意度的研究

在本章开头提到的这项在中国台湾地区开展的研究是不同于西方文化的地区所做的研究。这项研究的受试者是 300 名国际航线的乘客（陈,2008）。

像 Konieczny(2001)一样,陈用探索性因素分析法分析结果,他还运用主成分分析法界定了用来解释航空公司服务质量的因素（见表 2 - 4）。简单地说,就是陈发现了影响服务的重要因素,其中最重要的是工作人员和设施,并解释了 19% 的差异。在这些因素中,乐于助人是至关重要的因素。另一个重要因素是产品。因为这项研究关注的是服务而不是舒适性,问卷调查中没有提到飞机上的硬件设施。关于服务、通讯(电子邮件、互联网等)和最新的机上娱乐设备被认为是非常重要的。

研究表明,除了工作人员积极主动的工作态度,网站的正常运行十分重要。网站应该有足够的信息和清晰的预约功能。

表 2 - 4　探索性因素分析法对服务期望值的分析结果

	因素影响量	影响方差/(%)
因素 1:员工/设施		19
乘务员主动为乘客服务	0.72	
乘务员礼貌待客	0.7	
乘务员及时准确的服务	0.65	

（续表）

	因素影响量	影响方差/（％）
乘务员整洁干净	0.64	
行李丢失及搬运损坏	0.64	
高效率排队	0.63	
完善的值机及行李托运服务	0.61	
飞机客舱的清洁度	0.59	
航班安全飞行的良好形象	0.57	
因素 2：产品		17
机上的网络、电子邮件、传真及电传服务	0.73	
最新的客舱娱乐设施	0.71	
飞行常旅客奖励计划	0.65	
及时的餐饮服务	0.6	
机上餐饮充足	0.59	
可自选座位	0.57	
最新的飞机及设备	0.55	
全球联盟服务	0.55	
免税商品	0.52	
乘务员的个性化服务	0.5	
因素 3：交易		13
网站上详尽的信息	0.75	
网站的预定功能	0.75	
准确的预留服务	0.69	
提高可靠丰富的飞机信息	0.61	
便捷的预订服务	0.59	
因素 4：可靠性		12
将事情一次做到位	0.76	
正点率	0.73	
合理的航班时间	0.72	
乘务员的自信度	0.56	

资料来源：摘自 Chen F. C. (2008). 乘客服务质量、价值认知、满意度以及行为意图间结构关系的调查研究：以台湾为例. 交通研究 A，42，pp. 709 - 717.

2.5　德国一项关于噪声的研究

Mellert(2008)等人也做了一项有趣的关于飞机客舱噪声的研究。他们研究了在长途航空旅行中以及飞行模拟器中噪声与振动对人的身心健康的影响。除了表征人类的反应指数，他们发现噪声会影响人的健康指标、舒适感和幸福感。例如，嘈杂的环境里，脚肿的旅客的肿胀感会更加严重。相对于开始飞行时的安静环境，在嘈杂的环境条件下，他的这种感觉会加重43％。颈部疼痛感也是如此。基于此项研究，疼痛感是随着噪声级别的提高而显著增加的。关于这项研究的另一个令人关注的发现是在飞行期间感觉到空气质量的降低，这种降低率为15％，而事实上空气质量并没有发生明显的客观变化。

这说明，关于噪声问题调查受试乘客是很困难的，因为噪声本身并不是乘客所提及的问题，但它确实影响到其他问题。照明及客舱空气质量同样也是这样的情形。在旅客的报告上这两个方面会影响到其投诉的一些其他问题。

2.6　荷兰一项关于飞机客舱舒适性的研究

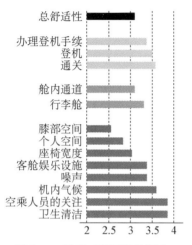

图2-3　乘客对舒适性的评分。

根据 Blok, Vink, and Kamp(2007) 的研究，乘客从 1～5 按舒适性给飞行的不同方面评分（1＝不舒适，3＝平均值，5＝很舒适），飞行前（浅灰色），到达座位（暗灰色）和飞行中（深灰色）。

Blok, Vink, and Kamp(2007)研究了291份旅客的旅行报告（见图2-3）。他们提到旅行报告存在一个缺陷：老年人事实上可能通常不使用互联网，心怀不满的乘客可能会使用网上旅行报告更自由地宣泄他们的情感。因此，这项研究中加入了采访环节。

在这项研究中，刚刚下飞机的152名受试者接受了采访并回答了他们从办理登记手续到飞行中的不同阶段关于舒适体验的问卷调查。这些问题是直接在乘客下了飞机过了海关后进行提问的。问卷调查对14名受试者进行了前测，然后对问卷进行了修改（见图2-4）。乘客为飞行中的每个部分从1～5打分（1＝很糟，2＝不好，3＝一般，4＝好，5＝很好）。

研究者计算了152份调查问卷评分的平均值，并对一些具体的提问项进行统计试验（t-test，$p<0.05$）。一些例子包括：身高较高的乘客与较矮的乘客的舒适性分值是否一样；长途航空旅行与短途飞行的舒适性分值是否一样。乘客乘坐的航班来自36家航空公司，他们的平均身高为176 cm（5 ft 7 in）。

结果如图2-3所示。令人惊奇的是，没有哪方面的舒适性平均值能达到好（4）或很好（5）的级别。膝部空间的评分最低，其次是个人空间和座椅宽度。事实上，1977年的研究也得到这样的结果。研究结果还显示，较高的人需要特殊照顾，缺乏膝部空间是较高的乘客反映的问题。统计分析表明，高一点的受试者（身高>173 cm [5 ft 6 in]）给出的舒适值明显偏低（t-test，$t=1.98$；$p<0.05$）。研究表明，尤其是对于长途飞行（超过5个小时）的乘客，娱乐设施和空乘人员的注意力十分重要，因为这些对总舒适性的影响很大。

长途飞机旅行在这些方面的舒适值明显低于短途旅行。问卷还包括一个开放式问题：哪方面应该首先改进？41％的乘客回答是腿部空间。

正如前面提到的，本研究还分析了291份旅行报告（见图2-4）。主要问题也是

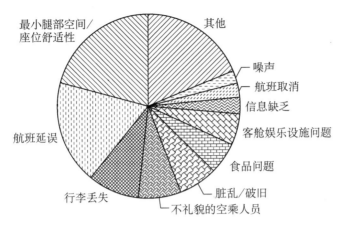

图 2-4 Blok, Vink, and Kamp(2007)的研究中分析的 291 份
旅客旅行报告中所描述的问题。

腿部空间和座椅的舒适性,其次是航班延误和行李丢失。这并不意味着有十二分之
一的航班有延误情况。因为乘客需要花时间来完成旅行报告,所以可能填写这些表
格的人更多的是那些遇到问题的乘客。

    有意思的是,这项研究发现,就舒适性而言,新飞机的舒适性评分值明显高于旧
飞机。

2.7 美国一项关于乘客体验的研究

    Brauer(2010)从各种信息来源研究了洲际航班的乘客喜好和舒适性数据并将
这些数据和飞机客舱的属性特征联系起来。研究比较了乘客所叙述的对正在乘坐
的飞机的喜好和该飞机不同高度每个座位宽度之间的关系。对比表明,座位宽度和
乘客喜好在坐姿视线高度上相关性最大(见图 2-5)。另一个有趣发现是:相邻的空
座对乘客舒适性影响很大。因为乘客乘坐飞机旅行的需求随一天的某一时、一周的

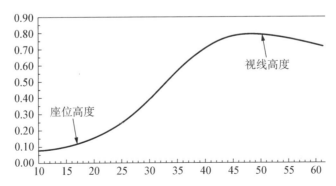

图 2-5 在不同测量高度(x 轴),每个座位的宽度和乘客喜好(r^2)之
间的相关性(y 轴)(单位:in)(Brauer, 2010)。

某一天或季节等时刻而变化,即使是在利润最大化方式运营的航空公司,很多航班也会有一些空座位。对于三座布局(三座位相连,例如,3-3-3客舱座位配置)而言,每当空出一个座位就能使其余两名乘客更加舒适。而对于双座布局(双座位相连)和四座布局(四座位相连)而言,每空出一个座位只能使一个乘客舒适一点。将这两方面结合起来会产生非常重要的效果。相邻的空座位和视线水平高度处的座椅宽度两个影响因素相加,占到乘客对飞机喜好程度方差的92%以上。

2.8 结论

几项研究都表明,增大腿部空间、膝部空间以及个人空间在舒适性体验上有积极的作用。所以,在设计上应优先考虑腿部空间及个人空间。然而所有研究也都清晰地显示,并不仅仅是物理方面的因素起着重要的作用,期望值和飞行前的体验也需要注意。当你进行新型客舱设计或在购置过程中,也许很难想象机场标识会影响乘客的舒适性评分值,但至少一项研究表明它们有一定的联系。事实上,航空公司的声誉、它的网站以及宣传册也有影响,这可能比较容易理解一点。

根据心理学的研究,我们知道人的行为会无意识地影响随后的反应。有时,用几个字来刺激人们的大脑就可以引起他们行为的改变。Bargh, Chen, and Burrows(1996)的研究发现,悄悄地用和年老有关的话语来刺激一些人,在实验后他们走路的速度比那些没有受到相关的话语刺激的人要慢得多。当激发是积极正面的时候,大脑的反应能够对后续行为产生一个相似的重要的影响。例如,研究表明被与成功等相关字眼激发的人,在随后的智力方面的工作中会有更好的表现。类似的现象也可能发生,如果在旅客的期望中飞机客舱是舒适的,他们的大脑会做出"舒适"的联想,然后他们可能就会感觉飞机客舱环境更舒适。

参考文献

Bargh J, Chen M, Burrows L. Automaticity of social behavior: Direct effects of trait construct and stereotype activation on action [J]. Journal of Personality and Social Psychology, 1996, 71 (2):230-244.

Blok M, Vink P, Kamp I. Comfortable vliegen: Comfort van het vliegtuiginterieur door de ogen van de gebruiker [J]. Tijdschrift voor Ergonomie, 2007, 32(4):4-11.

Brauer K. Redesigning the passenger experience [R]. Paper presented at Stanford Graduate School of Business, Stanford, CA, April 20, 2010.

Brindisi A, Concilio A. Passengers' comfort modeling inside aircraft [J]. Journal of aircraft, 2008, 45(6):2001-2009.

Chen F C. Investigating structural reiationships between service quality, perceived value, satisfaction, and behavioural intentions for air passengers: Evidence from Taiwan [J]. Transportation Research Part A, 2008, 42, pp.709-717.

Konieczny G. Die messung und steigerung der qualität von dienstleistungen in der flugzeugcabine —

Ein beitrag zur kundenorientierten flugzeugentwicklung ［D］. PhD disser., Technical University, Berlin, 2001.

Mellert V, Baumann I, Freese N, Weber R. Impact of sound and vibration on health, travel comfort, and performance of flight attendants and pilots ［J］. Aerospace Science and Technology, 2008, 12:18 – 25.

Richards L G, Jacobson I D. Ride quality assessment Ⅲ: Questionnaire results of a second flight programme ［J］. Ergonomics, 1977, 20:499 – 519.

Rickenbacher U, Freyenmuth K. Lantal promises pneumatic comfort for airline passengers ［J］. Advances in Textiles Technology, 2008, June, 6 – 7.

3 针对万名乘客的调查

本章将分析 2009 年乘坐飞机飞行的 10 032 名乘客的旅行报告。使用新型飞机的航空公司表现比较好,对新飞机舒适性的平均评分比对老飞机的评分高(分值从 0 到 10,新型飞机为 7.75,而老飞机仅为 6.2)。影响舒适性的重要因素有腿部空间、卫生清洁、空乘人员,然而座位因素的重要性也是非常显著的。航班延误和行李丢失虽然只是不常出现的情形,但在这种情形中舒适性评分会急剧下降。乘客的预期也很重要,另外客舱乘务人员对乘客的关注很有机会提高舒适体验,因为这可以通过相对较小的投资来实现。这其中包括应让乘务人员了解该研究的成果并提供相关的培训。整洁程度也和舒适性关系密切。本项研究中乘客所提到的方面为今后客舱的重新设计提供了大量信息。

3.1 科技与乘客

前面的章节中经常提到对乘客的调查。本章将对 10 032 名乘客的调查结果进行详细的介绍和分析。本研究并没有关注技术上的可行性及趣味性,而是关注乘客目前的体验,因为他们是每天做出购买机票决策的潜在消费者,所以这些经历和体验很重要。Pine 和 Gilmore(1999)认为经济实惠日趋重要。人们在家里喝一杯咖啡所需支付的价钱不到 20 欧分,但是为了一些额外的体验,他们愿意为一杯咖啡支付高达 25 倍以上的价钱。在威尼斯圣马克广场,一杯咖啡 5 欧元是很常见的事。上述例子表明了附加体验的重要性,同样这也适用于航空领域。最近,大量的诸如此类的理论知识已经应用于产品体验中(Schifferstein & Hekket,2008)。事实证明,听取乘客消费者的意见是非常关键的。本章主要就消费者意见进行探讨,这些意见的内容可能不同于常规,但其的确反映出乘客的感受,因而,航空领域可将其作为设计灵感的来源。在过去的 10 年里,乘客的感受一直在变。而如今,旅行已然占据人们生活中的大量时间,旅行次数大大增多,如今的航空公司为乘客提供的服务也有了很多新的变化,比如网上办理登机手续、休息室、新座椅、客舱娱乐设施、餐饮、可以平躺的座椅、灯光照明以及其他客舱设计的变化。但问题在于这些创新服务是否引起了乘客的关注,乘客究竟喜欢什么。

　　不管人们旅行的动机是什么,他们作为消费者既然花很多时间旅行,当然也期望以最高效的方式在最愉悦的环境中旅行,这是 Oborne(1978)几十年前就发现的。就航空公司而言,最重要的就是为乘客提供舒适的旅途、乘坐环境和最超值的享受。如果乘客对旅途不满,那么他下次就很可能乘坐其他航空公司的航班。舒适性能够提供一个独特的卖点,然而正如前面提到的,所有的航空公司都在提高其客舱的舒适性,想创新性地提高舒适性是非常困难的。

　　飞机客舱还有很大的提升舒适性的空间,例如,2010 年汉堡飞机客舱设计世界博览会上展出了包括空客(Airbus)和波音(Boeing)公司在内的 500 多项创新成果。约有一万多名游客参观了此次博览会。

3.2　革新的效果

　　由前面的章节我们知道飞机制造商纷纷积极革新。2007 年的一项研究(Blok, Vink 和 Kamp, 2007)表明新一代客机的平均舒适性远高于老客机。其中老客机包括 A300, A310, 波音 737 - 300 和 737 - 400;新款有 A330 和新一代波音 737。目前的调查结果与之相同。参与调查的受试者并没有都精确地提到飞机的型号,有些也只是提到空客或波音 737,所以光靠这些信息无法分辨出飞机的生产年代。但其中也有 2,139 名乘客足够详细地给出了飞机的类型,使我们能够确定飞机的型号和年代。例如,波音 737 - 200, 300, 400 和 500 系列是老型飞机,而波音 737 - 600, 700, 800 和 900 属新型飞机,后者又被波音公司定义为新一代波音 737。A300, A310, 757 和 767 - 200 一般被看作是老一代客机,而 A330, 777 和 767 - 400 是新一代客机。

　　表 3 - 1 给出了不同的舒适体验。和其他研究所揭示的结果一样,这种差异非常显著($p<0.0001$,双边 t-test)。因此,研究发现新型飞机舒适性更高。

表 3 - 1　乘坐新旧两类飞机时所感受到的舒适性

	舒适性平均值	标准方差	人数
旧型飞机	6.22	2.49	667
新型飞机	7.51	1.83	1 472

3.3　研究方法

　　在介绍其他结果之前,有必要先介绍一下调查研究采用的方法。这项研究是由几家航空公司发起,并参与到调查研究中。在航班飞行期间,乘客被告知这些航空公司有网站,他们可以上网填写旅行报告。独立的第三方会为参与网上留言的乘客提供诸如免费酒店住宿之类的抽奖活动。旅途感受可写在开放意见箱里,还可以上传照片。最后,需要回答一些问题,分别关于舒适性(填写 0～10,"10"是最高舒适性)、所乘坐的航空公司、是否会再次乘坐该航空公司的航班(是、否、不知道)、所乘坐客舱等级(经济舱/二等舱、豪华经济舱、商务舱或头等舱)。完成旅途报告的

10 032名乘客分别乘坐了123家航空公司的航班。其中大部分航空公司来自欧洲（40.9%，见图3-1）和北美（31%）。有162张照片上传到网站，用来解释说明所存在的问题或是比较好的方面。另外，有69名乘客同意让我们在公开报告中使用他们的照片（详见第6章）。

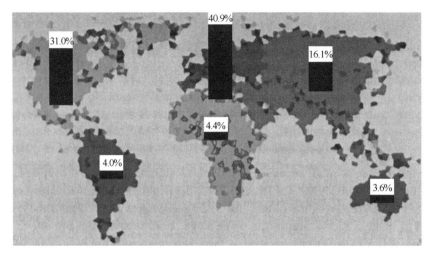

图3-1　本调查中涉及的航空公司的分布图。

9名学生分析了这些旅途报告，并将数据输入文档，之后再把这些文件合并成一个更大的文件。他们把每一个旅途报告中提到的航班特点整理归类。其特点包括：乘坐的是哪家航空公司的航班、飞行时间、舒适性评分、是否为直达航班、膝部空间、座位、是否晚点、是否丢失行李、工作人员态度、飞机卫生情况及其他意见。

统计分析包括相关性计算，而且由于舒适性是此次调查研究主要关注的问题（t-test，$p < 0.5$），所以统计中还分析了对单项特点的高评分相比低评分而言是否对舒适性有显著的影响。例如，提到空乘人员服务态度良好的人所给出的舒适性评分和提到工作人员态度不好的人所给出的舒适性评分进行比较，这就可以证明服务态度对舒适性评分的影响。更多的统计数据没有在本书中引用，可以在Vink等人（2011）发表的科学研究论文中找到。

本章将介绍这些相关性分析的结果，然后将通过引用乘客的反馈来说明影响舒适性的每一个因素。一些乘客的照片将用来支持文中的主要结论。（关于本主题的更多图片详见第6章）。

3.3.1　与舒适性相关的因素

乘客旅途报告中最经常提到的因素包括：工作人员服务态度的好坏（包括机场地面工作人员、飞行员和客舱服务人员）、腿部空间或座位间距、是否晚点、是否丢失行李、座位是否舒适、客舱娱乐设施、卫生情况和是否为直达航班等。这些因素与舒适性相关（见图3-2），而且从某种程度上说十分重要，因为8%以上的乘客提到了

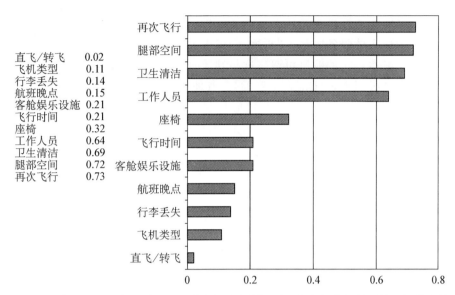

直飞/转飞	0.02
飞机类型	0.11
行李丢失	0.14
航班晚点	0.15
客舱娱乐设施	0.21
飞行时间	0.21
座椅	0.32
工作人员	0.64
卫生清洁	0.69
腿部空间	0.72
再次飞行	0.73

图 3-2　舒适性评分与 8% 以上的乘客报告中所提到因素之间的相关系数。相关系数越高,表明该因素对舒适性影响越大。

这些因素。这些因素值得注意,因为这是很多乘客所关注并想到的问题,意味着他们意识到了这些问题。

其他因素诸如客舱气候环境、空气质量、噪声、卫生间、候机、信息、餐食、邻座旅客和行李空间等,只有不到 8% 的乘客提到了,但它们也是与舒适性相关的因素(图 3-3)。这说明乘客很少意识到这些因素。但另一方面,从其他研究中得知,这些因素也会影响乘客的旅途体验。第 2 章中提到的一项研究结果表明,在嘈杂的环境中,乘客更能意识到脚部肿胀。

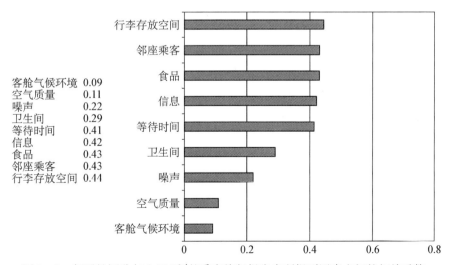

客舱气候环境	0.09
空气质量	0.11
噪声	0.22
卫生间	0.29
等待时间	0.41
信息	0.42
食品	0.43
邻座乘客	0.43
行李存放空间	0.44

图 3-3　舒适性评分与少于 8% 的乘客旅行报告中所提到因素之间的相关系数。

与飞机客舱舒适性最密切相关的因素是"再次飞行"(回头客)、腿部空间大小、卫生情况和工作人员服务质量。"再次飞行"是指,如果乘客旅途舒适愉快,他将会再次预定这家航空公司的航班机票。这与其他研究结果一样,表明航空公司可以通过提高舒适性来吸引乘客(Brauer,2004)。其他研究也描述了舒适性与腿部空间的关系(Blok,Vink 和 Kamp,2007;Richards 和 Jacobson,1977),这一关系被认为是与舒适性相关的最重要因素。腿部空间小,则舒适性评分较低。一些乘客甚至是航空公司工作人员都把腿部空间直接和座位间距联系起来(相邻两排座椅相同位置点之间的前后距离,例如,从前排座位后背到后一排座位后背的距离)。然而,我们不能简单地将腿部空间直接和座位间距联系起来。从乘客旅途报告中的答案来看,一些乘客甚至根据座位间距来选择所乘坐的飞机。例如,前排座位可以向前调整 34 in,但如果座位靠背比较厚,而且腿前面的置物袋内装满东西时,会大大减少膝部空间(图 3-4)。座位间距小,但座椅靠背很薄,因而会有更多的膝部空间,这样的情况也常有。

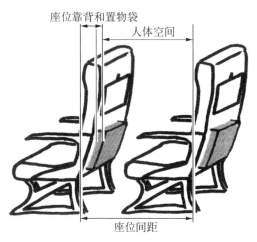

图3-4　座位间距不能完全决定腿部空间的大小。

如果乘客提到飞机看起来整洁清新,那么卫生情况与舒适性评分的相关性常常也比较高。需要让飞机看起来更干净,这意味着航空公司应该注意飞机的清洁工作并且在购买飞机时要选择那些外观能够持久的产品。另外,本次研究同时表明工作人员服务质量也是为乘客提供舒适旅途的关键因素。工作人员给予乘客积极关注并且提供明确信息,对乘客飞行中的舒适感是至关重要的。

对于不足 8% 的乘客在报告中所关注的问题,反映某一特定因素和舒适性之间具有相关性,这就意味着这些因素通常会带来一定的不适感:

(1)手提行李存放空间不足;

(2)座位间距狭窄,导致邻座乘客通行不便;

(3)缺少食物或食物质量差;

(4)信息缺乏,对讲机声音过大,或者信息让人费解;

(5)登机或下机之前以及其他服务等待时间过长。

图 3-2 中所提到的因素以及行李存放空间和邻座乘客等因素将会在下面章节中详细阐述,从而解释乘客的喜好。

3.3.2　腿部空间

腿部空间大小与飞机客舱舒适性息息相关。这一点表现为腿部空间大小与舒适性分数间的相关系数为 0.72。27％的旅客反馈意见中提到座椅间距、膝部空间或腿部空间。如果把给出肯定评价的乘客人数（11％）和给予否定评价的乘客人数（16％）相比较，这两组人群给出的舒适性评分间的差异非常显著（双边 t-test，$p < 0.0001$，$t = 13.57$）。这就意味着这种差异根本不可能偶然发生。

图 3-5　因为邻座无人，所以这位身材高大的乘客仍能比较舒服。

　　以下是乘客在其反馈报告中做出肯定评价的几个例子。就包机而言，33 in 的座位间距被认为是"舒适的"，因为乘客预期的空间可能更小。乘客普遍认为存放杂志的座位袋安置在座椅后较高的位置比较合适，当然，像挨着出口的座位、邻座没有乘客的座位（如图 3-5）、或者可以升级到更高一级的客舱等特殊的座位，因为获得额外的腿部空间也会给予肯定的评价。身材较高的乘客有时确实会说他们觉得很奇怪，飞机上的座位很适合他们，而这在平时是很难做到的。乘客能够将腿伸到前一排座位下面，并且可以变换坐姿，这种可能性也多次提到。

　　下面讨论乘客的负面评价。经常看到乘客们庆幸终于抵达目的地了，因为他们的膝盖实在是坚持不住了。有时人们也提出座位空间受限或者座位太拥挤。置物袋被放置在乘客最需要空间的位置也在乘客意见栏内列出（图 3-6）。有意思的是，不论是长途航班还是短途航班，抱怨的乘客人数都大约占 10％，而我们一般会认为长途旅客的抱怨会更多，因为对长时间以同一姿势坐着的乘客而言，腿部空间不足会是个更大的问题。但事实是，长途航班飞机内腿部空间往往更大一些。

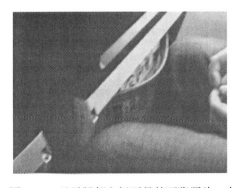 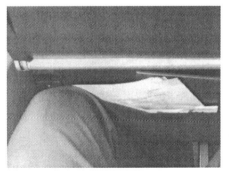

图 3-6　显示腿部空间不足的两张照片。右面的图片清晰地显示出座椅置物袋会减少膝部空间。

3.3.3　卫生

卫生情况也与飞机客舱舒适性密切相关。12%的乘客在反馈报告中都提到了和卫生相关的某个方面的问题。他们可能提到飞机很干净，或者窗户很脏。卫生和舒适性的相关系数为0.69，如果把对飞机卫生情况给予肯定评价的乘客人数和给予否定评价的人数相比较，这两组人群给出的飞机舒适性评分有非常显著的差异（双边 t-test，$p < 0.0002$，$t = 3.95$）。抱怨飞机卫生状况的乘客给出的舒适性平均分为4分，而给予肯定性评价的乘客给出的舒适性平均分为7.9分。

卫生状况良好的例子包括看起来洁净的飞机、清新的客舱设施、看着舒适的内饰、干净的座位、全新的杂志、干净的窗户以及明快的照明等。

乘客反馈报告中提到的卫生状况不好的例子包括脏乱的机舱、陈旧破烂的机舱、又脏又破的机舱、不干净的盖毯、又破又旧的座椅、空气不清新、座椅不干净、置物袋有脏东西（甚至可见发霉的面包和苹果核）以及窗户布满灰尘等（图3-7）。

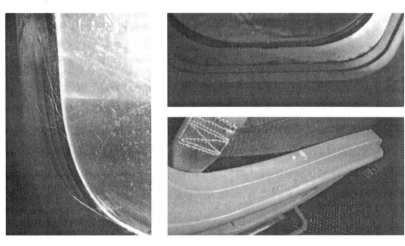

图3-7　和卫生客舱有关的照片。（左图）窗户上有蜘蛛网，（右上角图）座位有灰尘，（右下方图）窗户上有灰尘。

3.3.4　客舱乘务人员

正如其他许多研究中提到的，工作人员的服务质量与舒适性评价关系密切（图3-8）。工作人员服务质量与舒适性相关系数为0.64。大部分公司这方面都做得不错。在所有的旅途报告中，60%的乘客认为服务质量不错，仅有17%的乘客抱怨工作人员服务不好。但这17%的抱怨需引起注意，因为否定的评分会大大降低飞行的整体舒适性评分。其实这并不是一个新的研究成果。由 Blok，Vink 和 Kamp（2007）所做的研究中也对此进行了介绍。在目前这项调查研究中，对航班工作人员服务质量持肯定态度的乘客打的平均分是8分，而在乘客抱怨的情况下，这个分数只有3.9。如果把持肯定态度的乘客人数与持否定态度的乘客人数相比较，则这两

图 3-8 机组人员热情的欢迎会给舒适性带来正面影响。

组人群的舒适性评分存在显著差异（双边 t-test，$p < 0.0001$，$t = 12.7$）。

对工作人员服务质量给以肯定评价的例子包括：

（1）机场工作人员和空中乘务人员很热情；

（2）客舱乘务人员十分友好，真诚为乘客服务；

（3）年轻热情的工作人员；

（4）客舱工作人员高效地为乘客服务；

（5）客舱乘务人员礼貌且随和；

（6）飞行员能提供清晰易懂的信息，包括飞机突然颠簸的原因；

（7）所有航班的客舱乘务人员令人心情舒畅；

（8）返航途中，客舱乘务人员服务周到；

（9）候机休息室工作人员帮助我找到登机口；

（10）机场工作人员安排航班等待几分钟，等待我们到达；

（11）我永远忘不了那些面带微笑的工作人员。

对工作人员给以负面评价的例子包括：

（1）机场工作人员没有帮助我，当我正急着赶飞机时，他们却在一旁闲聊；

（2）工作人员经常互相用他们的母语指责乘客；

（3）客舱服务人员一直在说笑，只是大声通过扩音器给予乘客指示而不是帮助乘客；

（4）她对我很粗鲁，将薯片扔到了我脸上；

（5）客舱乘务员太不专业了，有个乘务员竟对着乘客大喊，命令他们排队；

（6）飞行员似乎并不在意他们的信息是否清晰传达，清楚地讲英语有那么困难吗？

（7）工作人员极其傲慢无礼；

（8）当乘客咨询问题时，工作人员斥责乘客；

（9）客舱工作人员的行为举止并没有给人留下好印象；

（10）工作人员对乘客说话时粗鲁无礼貌；

（11）工作人员工作态度不热情。

这项调查结果表明，工作人员的服务质量还有很大的提升空间，尤其是在当今服务经济中，因为服务经济就像是一个剧院，每项工作就是一个舞台（Pine 和 Gilmore，1999），了解服务工作的一些基本规则是至关重要的。令人不可思议的是，居然有 3% 的乘客不理解飞行员和空乘人员在说什么。空乘人员总是小声嘟囔"chez or chee"，意思是说，你想要鸡肉三明治还是奶酪三明治；飞行员讲话声音过大，导致声音变调，无法清楚获得要传递的信息；有的飞行员讲话语速过快，甚至连英语为母语的人都不理解。这些问题都是飞机上常见的事情，意味着稍加改进即可获得更多的收入。只要在航班上进行录音，让工作人员在培训课上多听几遍，情况应该就会很快有所改观。提高工作人员对乘客的关注度似乎是吸引乘客的一种简单方式，但仍有许多其他的吸引乘客的方法。改进工作人员对乘客的关注度可以通过向他们展示上述例子来实现。通过告诉工作人员本调查研究的结果并提供相关培训，提醒工作人员他们的工作有多么重要。

3.3.5　行李空间

虽然只有不到 2% 的乘客提到行李空间这一问题，但它仍然与舒适性相关（相关系数 0.44）。正面的评价一般来源于以下几点：容易够到的行李架（当人站在过道时行李架的高度和水平距离）、空间足够大（图 3-9）、行李架很近且容易够到等。后者是来自商务舱乘客的评价，因为他们的座椅旁边就可以存放行李。反馈报告中的负面评价涉及：很难够到，空间狭小，靠窗子的座位难以够到行李等。为什么登机时不检查随身行李的数量和大小呢？最后登机的乘客不得不把行李放在前一排的座位下面，这样就大大减少了腿部空间。

图 3-9　Embraer（巴西航空工业公司）170/195 系列飞机客舱的行李
　　　　舱空间设计得到乘客赞许。这也和预期有关，因为在其他支
　　　　线飞机上行李舱的空间往往要小一些。

3.3.6 邻座

"邻座乘客"因素只能在某种程度上产生影响。商务舱或头等舱的乘客基本不会有类似抱怨。总体来看，邻座没有乘客或仅有一个邻座有乘客都会导致较高的舒适性评分(图3-4)。这并不奇怪，第2章所描述的美国Brauer(2010)进行的研究也提到过这一点。有的飞机座位是两个并排在一起(图3-10)，因为旁边只坐了一个人，所以在这方面的舒适性得分较高。因此，当机场工作人员值机时，如果座位没有全部订出，那么就应该注意这样一个事实，即在两名乘客之间尽可能留出一个空座位。据说如果座位没有全部订出，航空公司似乎习惯于在第一排和最后一排留空座。当然，考虑到那些不常见的需要飞机保持平衡的情况，这种时候让乘客均匀分散于整个机舱内也许更好一些。那些确实对邻座乘客有具体抱怨的人占1%，想要改变他们的态度是很困难的。例如，他们抱怨旁边的人身上有异味，衣着破旧不干净，有的抱怨旁边的人太胖，一直将胳膊放在扶手上，有的抱怨旁边的人总是碰他，经常在他休息的时候出入，或是抱怨旁边的人太吵，或是打呼噜，或是一直在说笑。另一方面，如果使用3个并排座位来代替四连座或双排座，那么每有一个空座位就会使两位乘客都感觉更舒服一些。如果飞机上能够划分出不同区域，想睡觉的乘客位于一个区域，想聊天的乘客位于另一个区域，那么就会解决一些问题。邻座因素与舒适性的相关系数为0.37。

图3-10 一些飞机设计的是双排座，这样比较舒服。

3.3.7 座椅

值得注意的是，19%的乘客在他们的报告中给出了对飞机上座椅的看法。根据调查结果显示，提到舒适性时，座椅是飞行能否舒适的很重要的一部分。虽然座椅是否舒适与整体舒适性相关系数并不高($r = 0.32$)，但将舒适的座椅和不舒适的座椅相比较时,二者存在显著差异(双边 t-test,$p < 0.0001$,$t = 11.5$)。14%的正面评价说主要因为飞机座椅很舒适,而5%的负面评价提到主要是座椅不舒服,乘客并未提供更多的信息。表3-2给出更具体详细的评价。

表 3-2　提到 10 次以上的座位因素

对座椅的正面评价	对座椅的负面评价
皮质座椅:非常舒适	背靠太厚
座椅宽敞	飞机乘务员的制服与座椅颜色不搭配
座椅看起来比平时宽	我前面的座椅坏了,总是向后移动
座椅第一眼看上去很窄但很舒服	舒适的皮质座椅图片只是出现在杂志上
座套很漂亮(主要提到的是浅色)	座椅很脏,印象不好
可调节的头枕	经济舱座椅很窄,还咯吱响
舒适的腰部支撑	座椅没有靠垫
舒服的座椅脚踏	人造革座椅很不舒服,容易出汗
较新的座椅	缺少座椅置物袋
合理的圆形靠背,能把脚放到座椅下面	座椅狭小
与腰部平齐舒适侧翼	座椅不能向后倾斜
扶手短而圆滑	靠背太薄,没有腰部支撑
扶手下方应有空间	控制器无法从扶手上取下来
座椅前面可向下移动,这好极了	调整座椅装置不好用
	座椅与座椅挨得太近
	座椅不舒服但空中乘务员良好的服务弥补了这一不足
	前面的座椅很脏
	餐桌坏了
	侧面没有靠头垫
	我的座椅坏了,总是自动向后倾斜

就商务舱而言,常见的评论是乘客"努力使自己在睡觉时别从座椅上滑下来。"即使是在所谓的"平放座椅"的情况下也是如此。还有乘客写到,"或许座椅是平的,但它的空间角度并不是水平的"。另一个有意思的评价是,皮质座椅看起来很奢华很舒服,但对于长途旅行,人们更喜欢其他材质的座椅。

3.3.8　飞行时间

从研究结果来看,舒适感随着飞行时间的延长而降低(Zenk,2008)。我们也会有类似的感受,乘飞机时间越长,舒适感越低。从图3-11可知,在4个小时左右的飞行中,舒适感不断降低,这和我们预期的一样;然而超过5个小时后,平均舒适感又会再次上升。飞行时间与舒适感之间的线性相关系数较低($r = 0.21$),但平方关系系数要高许多($r = 0.71$)。常见的评论显示,产生这种现象可能是因为这些长途航班往往是宽体式喷气飞机,座位和环境会更舒适一些。尤其是对商务舱而言,长途航班的舒适性要比少于4h行程航班的商务舱舒服很多。如果用飞行超过5h的窄体喷气飞机平均分而不用所有飞机舒适性的平均分,那么舒适性分值是4.89,这足以证明宽体式喷气飞机更适用于长途旅行。这再次表明,航空业在长途旅行舒适

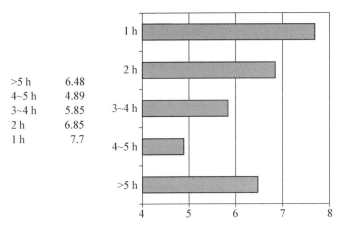

<table>
<tr><td>>5 h</td><td>6.48</td></tr>
<tr><td>4~5 h</td><td>4.89</td></tr>
<tr><td>3~4 h</td><td>5.85</td></tr>
<tr><td>2 h</td><td>6.85</td></tr>
<tr><td>1 h</td><td>7.7</td></tr>
</table>

图 3-11　不同飞行时间的舒适性评分，量级从 0 到 10(x 轴)。

性方面做得很出色，而做到这一点并不容易，因为在一个地方待 5 个小时以上本身就是很不舒服的一件事。

3.3.9　客舱娱乐

8.1% 的乘客在调查中提到了客舱娱乐系统。其中，7% 的乘客持有正面态度，通常评价为"不错的客舱娱乐设施"。客舱娱乐与舒适性相关系数并不高（$r = 0.21$）。好的客舱娱乐与不好的客舱娱乐相比较，则差异显著（双边 t-test，$p = 0.032$，$t = 2.1$）。关于客舱娱乐设施，有证据显示航空业在这方面确实取得了一些进步。本次调查结果显示，1.1% 的乘客对客舱娱乐设施有不满，而在 3 年以前，Blok，Vink 和 Kamp(2007)用同样的方法做的调查结果是 1.6% 的乘客持否定态度（$n = 291$）。在我们这次调查中，比较具体的正面评价主要涉及以下几个方面：大屏幕；屏幕能够旋转，使屏幕垂直于乘客的视角；有多部电影供选择；客舱娱乐内容丰富（音乐、游戏、新闻、电影）；音质很好；具有主动静音技术。负面评价常常涉及客舱娱乐系统不人性化，尤其是控制器操作复杂。甚至年轻的乘客也常对此不满。其他的不满涉及屏幕质量差，电影开始播放后看不清楚。一些乘客提到了 20 世纪 70 年代生产的一套娱乐系统，需要花钱买音效糟糕的耳机，屏幕取决于前排乘客座椅的位置，向后倾斜椅子意味着看屏幕的视角很差，不得不花很多钱看电影。

乘客对客舱娱乐设施的问题的一个原因在于新系统的不断开发，而且在家里我们可能已经习惯了更好的娱乐系统，这就使得客舱娱乐设施难以满足所有乘客的要求。

3.3.10　航班延误

航班延误与舒适性相关系数不高（$r = 0.15$），但从图表可知相关系数低的原因。事实上，舒适感会随着晚点的时间的延长而降低（图 3-12），但如果晚点超过 4 h，舒适感会再次上升。在绝大多数情况下，长时间的航班延误会对乘客妥善安置，从而导致舒适感得分上升。解决方法可以是优质的宾馆，更换航班，及时的天气

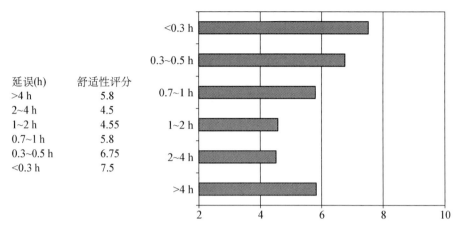

图 3-12　不同延误时间(h＝小时)的舒适性评分(0～10)。

状况信息以解释晚点原因,航空公司尽力而为的积极态度等。即便如此,如果延误时间超过 4 h,舒适感得分仍然会低于平均值(平均值是 5.8),因为也有一些晚点情况没有得到妥善解决,导致乘客不满,给出极低的舒适性评分。如果航班误点时间超过 4 h,那么标准方差会很大,也就是说舒适感分值波动很大。

　　如果航空公司对问题处理不当又并没有合理的解释,则有的乘客会打零分;相反,如果航空公司处理妥当,乘客比较满意,可能会打 10 分。这意味着航空公司可以在客舱设计上做到最好,但如果航空公司对许多次晚点都处理不妥,那么它的舒适性评分不会增加。另外,有意思的是,对于长途旅行来说,晚点 1 h 不会被认为是个大问题,但对短途旅行而言,这的确是个问题。

3.3.11　行李遗失

　　行李遗失与舒适性相关系数较低($r = 0.14$)。这是因为差异很大。根据调查结果显示,所有经过安检的行李中,只有 0.04% 彻底丢失,另有 1.6% 只是暂时未找到或者是延期到达。飞行愉快舒适但行李延期到达,如果行李被安全送到酒店或家里,那么航空公司仍能得到较高的舒适性评分,尤其是当行李信息能及时传达给乘客的时候。一则反馈意见这样写道,"……由于飞机晚点,转机时间非常短,在下一联程航班登机口,服务人员告诉我们行李随后回到,而且会送到我们入住的酒店。这才是我们所说的服务啊!! ……"。另一方面,如果行李丢失没有任何信息,则会导致舒适性打分为零。如果问题没有解决,航空公司也没有向乘客做任何解释,那么就会出现这样的评分,但如果航空公司能够令乘客满意的解决这这个问题,乘客也会给出 10 分。这就意味着如果行李丢失,最好的机舱内饰也将不能弥补这个问题。在 Blok,Vink 和 Kamp(2007)的研究中也给出了同样的结果。

3.3.12　客机类型

　　客机类型与舒适性之间的相关系数较低($r = 0.11$)。这是因为飞机共分为 4 类:小型客机、中型客机、半宽体机和宽体客机。如果对飞机各种类型进一步仔细分析,则有一些显著的差异(图 3 - 13)。

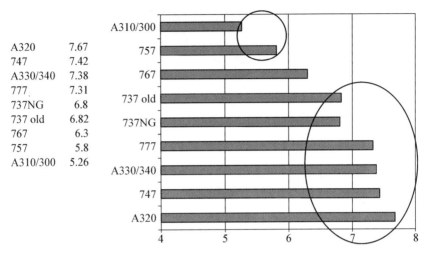

A320	7.67
747	7.42
A330/340	7.38
777	7.31
737NG	6.8
737 old	6.82
767	6.3
757	5.8
A310/300	5.26

图 3 - 13　不同机型的舒适性评分。圆圈和椭圆范围内的分值没有明显差异(双
　　　　　 边 t 分布实验,$p < 0.05$)。

　　我们首先按系列来将机型归类。例如,所有 A300 和 A310 客机归为一类,737 -
200,737 - 300,737 - 400 和 737 - 500 构成了老一代 737 系列;A318,A319,A320
和 A321 属于 A320 系列。A310/A300 及 757 系列飞机舒适性评分比波音 767 低很
多,而 767 系列飞机舒适性得分本来就比其他飞机明显低很多,因此这种差值可能
是有限的。另外,属于同一类型的两架飞机其客舱设计可能会差别很大。由于只有
2 139 名乘客准确地给出了客机类型,而且客机舒适性很大程度上取决于舱内布局,
因此对这些数据的解读存在一定困难,所以我们下结论时必须要慎重。例如,波音
777 客舱内靠窗有 3 个座位,中间有 4 个座位(3 - 4 - 3),其舒适性得分低于座位按
3 - 3 - 3 排列的波音 777。我们可以想象,同样大的机身增加了一排座位,其舒适性
当然会降低。这种归类就降低了波音 777 客机组的舒适性评分。此外,属于同一组
的客机也有差别。波音 767 - 400 客机舒适性得分明显高于波音 767 - 200 客机,这
可能是因为波音 767 - 400 外观看起来更新的缘故。
　　另一方面,波音 747 系列客机的不同机型间没有明显差别,其中波音 747 - 200
系列客机要比 747 - 400 系列客机早很多年。在本项研究中,航空公司间的差异对
舒适性的影响远大于飞机类型对舒适性的影响。
　　同样,小型飞机间也不存在明显的差异,但巴西航空公司 170 - 195 系列喷气式
客机却得到较高评分(图 3 - 14),而 CL600 - 700 系列客机明显得分很低。我们会
认为 DHC8,ATR42/72 以及 Fokker50 系列客机舒适性评分很低,因为它们都属于
涡轮螺旋桨飞机,噪声大,飞行高度低,会带来更多颠簸,但是这些因素显然不足以
影响舒适性评分。它们与其余客机没有明显差别。

图 3 - 14　Embraer 190 客舱设计是得到评价最高的客机之一。对此结论
　　　　　要慎重对待,因为这是个比较新的客机,而且中间不设座位,这
　　　　　一点会影响舒适性的平均得分。

　　从本项研究或许可以得出这样的结论:诸如腿部空间,卫生情况和工作人员服务质量等因素对客机舒适性的影响远远超过客机类型的影响。另外,就舒适性评价而言,客舱配置和飞机的制造年代比机型本身的影响更大。

3.3.13　直达与中转航班

　　中转航班不太方便的说法是有道理的。转机意味着要走更多路,要在登机口等待,而且有时还因过关得另外排队,很不方便。我们在研究中确实把直达航班和中转航班分开了,但二者与舒适性基本没有关系($r = 0.01$),也许在这里期望值起了作用,你预定好机票的那一刻,对可能发生的情况也就有了预期。

3.4　小结

　　舒适性是飞机旅行的重要因素,它决定着乘客是否会再次预定该航空公司的航班,因而值得引起关注。我们对于如何提供舒适体验的了解处于初级阶段。工作人员的关注和飞行前体验等软件因素对客机舒适性有影响,但诸如座椅特点等物理特性同样也有影响,他们之间也会相互影响。乘客的报告没有提到更多噪声,这是一个孤立的问题。前面一章提到噪声会有一些影响,如使乘客更清醒地意识到腿部肿胀。本次研究结果证明,腿部空间,卫生状况,工作人员服务质量以及座椅等因素与乘客舒适体验息息相关,这也是飞机客舱需要率先改进的因素。

　　本项调查研究也存在一些不足,因为它仅仅使用了乘客的旅行报告,但其实这是真正旅行人群的抽样调查。Blok, Vink 和 Kamp(2007)的研究显示,使用乘客行程报告和提问刚下飞机的乘客,这两种方式不会导致不同的结果。本次调查研究的另一个缺陷是没有记录那些乘客没有明显关注到的照明系统、噪声及环境中的其他影响因素的作用。这些因素可能会影响舒适性,但要研究这些因素需要其他形式的调查研究。实验性研究中,可以只改变一个因素(如灯光或噪声),然后测量对乘客的影响并与控制组进行比较。另一方面,如果乘客选择一个航班,他们只考虑所能想到的问题,因此,关注腿部空间、卫生清洁、工作人员服务质量、座椅以及期望值等因素是增加航空公司收入的一个途径。

参考文献

Blok M, Vink P, Kamp I. Comfortable flying: Comfort in aircraft interiors seen through the eyes of the passengers (in Dutch) [J]. Tijdschrift voor Ergonomie, 2007, 32(4):4 - 11.

Brauer K. Convenience, comfort, and costs [R]. Presentation at the aircraft interior EXPO, 2004.

Brauer K. Redesigning the passenger experience [R]. Paper presented at Stanford Graduate School of Business, Stanford, CA, April 20, 2010.

Oborne D J. Passenger comfort — An overview [J]. Applied Ergonomics, 1978, 9:131 - 136.

Pine B J, Gilmore J H. Experience economy [M]. Boston: Harvard Business School Press, 1999.

Richards L G, Jacobson J D. Ride quality assessment Ⅲ: Questionnaire results of a second flight programme [J]. Ergonomics, 1977, 20:499 - 519.

Schifferstein N J, Hekkert P. Product experience [M]. Amsterdam: Elsevier, 2008.

Vink P, Bazley C, Kamp I, Blok M. Possibilities to improve the aircraft interior comfort experience [J]. Applied Ergonomics, 2011, 43(2):354 - 359.

Zenk R. Objektivierung des sitzkomforts und seine automatische anpassung [D]. PhD thesis, Technical University, München, 2008.

4 以最新研究为基础的 飞机座椅设计新需求

研究表明座椅舒适性水平取决于下列因素：

(1) 靠背是否后倾便于阅读。

(2) 座椅能否适于坐姿的改变。

(3) 是否适于不同体型。

(4) 座椅是否具有理想的体压分布(可能通过智能座椅感知压力并自动调节)。

(5) 椅面无剪力。

(6) 能够在座位上舒服地进行各种不同的活动。

(7) 第一眼就让人产生惊叹的感觉。

(8) 包括让乘客双脚离开机舱地面的可能。

(9) 让人感觉靠背符合人体曲线。

(10) 是否方便调节(也许需要通过使用电子装置)。

由于各因素间的相互作用很难预测,再加上还有些因素不为人所知或理解,所以很有必要由终端客户对设计进行最后的测试。

4.1 利用研究结果设计座椅

购买、营销、操纵或者设计飞机座椅绝非易事。首先,飞机座椅设计别具挑战性。之所以具有挑战性,是因为再没有哪种座椅像飞机座椅一样,要满足长时间、在有限空间、适合各种身形的特点。另外,飞行安全管理条例非常严格,具有绝对强制性。

另一方面,对于航空公司或供应商来说,要想优于竞争者,就要使用最新知识,创造独特的客户价值。本章将回顾一些有关坐姿及座椅的研究结果,也许会对新产品的开发、区别航空公司或制造商的优劣有所帮助。

4.2 座椅设计与健康

几年前,某些办公椅制造商声称其座椅可以防止背痛。诺丁(Nordin)(2004)在其高质量的流行病学研究概览中,指出座椅本身并非导致背部问题的危险因素,她对多组人群进行跟踪调查,对比常坐组和不常坐组人群,测定背部问题是否与时间长度相关。大量研究证实,久坐本身不是背疼的危险因素,因此,认为座椅可以防止背痛是站不住脚的。然而,对于颈部和肩部的疼痛,情况却大不相同。有研究表明久坐与颈、肩疼痛有关联性(Ariens,2001)。

在几年前就有座椅生产商宣称,其座椅使人的背与大腿呈90°角,这样有益健康。这种观点难以令人信服,有证据表明后仰姿势可以减少腰椎后部的负荷(Wink等,1999;图4-1)。Zenk(2008)也指出,驾车时,身躯有支撑且略向后仰的坐姿,产生舒适感。Groenesteijn等人(2009)也指出,坐着看书时,靠背后倾的办公椅比靠背垂直的办公椅舒适性更高,膝盖与臀部呈90°的垂直坐姿更有益健康的观点是没有科学依据的。

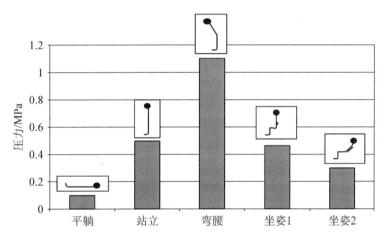

图4-1　根据Wilke等(1999)研究得到的不同姿势对L4和L5之间的椎间盘的压力(MPa),高压力与脊椎的高负荷相关。

在肌肉骨胳负荷领域,提出设计刺激人体活动的振动型座椅的科学家日益增加,这就使座椅开发设计人员的工作变得更加复杂。诺丁(2004)声明,基于流行病学研究,坐本身不是致病的危险因素。但是,以固定姿势久坐就会致病,固定不变的坐姿会增加患背痛的概率。所以人坐着时,需要间歇性活动。其他研究结果(如,Dieen,Looze和Hermans,2001)表明,坐着时活动越多,姿势改变越多(Lueder,2004),对背部越好。Dieen,de Looze和Hermans的研究发现,与普通固定不动的座椅相比,受试者在坐过方便身体运动的座椅后身高增加更明显。一般来讲,脊柱的长度会因白天上身的负荷而缩短,在夜间恢复。这种情况下,能够方便运动的座椅有着近似于(或略小于)夜间休息后的恢复效果。可移动的椅面和靠背使坐姿的改变具有可能性。

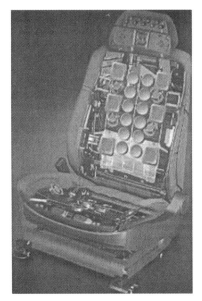

图4-2 配有 Franz(2010)按摩系统的宝马汽车座椅。12 个圆形和 6 个方形部位可以充气，产生按摩效果。

带着这样的思路去研究飞机座椅如何促进乘客活动，变得颇为有趣。当然，这并不容易。驾车时，我们会遇到相似的挑战：驾车时需要时刻注意路况，不可能大幅度活动身体。宝马汽车生产商通过安装轻型按摩系统解决了这个问题(Franz，2010)。这个 60 g 重的充气系统(图 4-2)的振动方式使司机保持清醒。在一项有 20 位司机参加的实验中，受试司机大约驾车 90 min 后，使用按摩系统的司机和没有使用此系统的司机相比，肩部肌肉的紧张度明显偏低。这是通过把电极放在肩部，记录其肌肉紧张度(肌电图学或 EMG)来实现的。此按摩系统的舒适性、安全性受到极高赞誉。当按摩系统启动时，椎间盘(脊椎两个椎体间充满液体的盘状物)的压力将改变，表明这种特殊的按摩方式可以促进椎间盘内液态物质的输送，起到恢复的效果。

4.3 飞机座椅应符合人体需求

除了靠背后倾和促进振动的装置外，无论身材娇小的亚洲女性还是个子挺拔的荷兰男士，都应感到座椅的舒适性。在这方面有些有助于座椅设计的指导原则。网页www.dined.nl 提供了世界不同地区的人体测量学数据。例如，坐着时的臀宽数据可以在该网站找到。生活在荷兰的 31 岁到 60 岁的男性中，P95 臀宽为 440 mm(表 4-1)。P95 的意思是，此年龄段的男性中，95％的人的实际臀宽小于 440 mm。因此，在荷兰 95％的 31 岁到 60 岁男性适合坐宽度为 440 mm(17.3 in)的座椅。日本和印度北部的人的臀宽更小。在这两个国家，座椅宽度分别为 348 mm 和 330 mm(13.7 in 和 13 in)就能满足 95％的人口需求。

表 4-1　世界不同地区 31 岁至 60 岁男性就座时的 P95 臀宽

	臀宽/mm	臀宽/in
北印度	330	13.0
日本	348	13.7
澳大利亚	370	14.6
中东	370	14.6
拉丁美洲	388	15.3
北美	394[a]	15.5
中欧	404	15.9
荷兰	440	17.3

a 根据 CAESAR 数据(2000)，P95 美国男性臀宽为 436 mm。
资料来源：www.dined.nl(2010 年 7 月 1 日)。

把这些数据运用到座椅上,意味着要想让座椅适合 95% 的荷兰男性,扶手之间(一直向下到坐垫)的距离应该是 440 mm(17.3 in)。尽管如此,如果臀部卡在两个扶手之间,就难以改变坐姿。因此,要想在较长时间内舒适地坐着,需要更多的空间,而空间取决于座椅的宽度。其他座椅空间的相关数据也可在 www.dined.nl 网页中找到。

在航空工业中,经常用到波音公司的空间舒适性原则;这些原则很大程度上是基于从 CAESAR(2000)得到的选择性数据。座椅的不同属性中,厚度更多地剥夺了乘客的可利用空间,厚度一般定为 A, B, C, D 4 个等级。表 4-2 和图 4-3 对波音公司的舒适性原则进行了说明,表 4-2 第一栏的数字与图 4-3 的数据对应,定为 A 级的属性,意思是相对较薄,可以为乘客提供的空间最多。比如,膝盖处的椅背厚度少于一英寸时被定为 A 级,这样坐在后面的乘客可利用的空间就相对多一些。当然,空间的大小还取决于座位间距(前后排座椅相同位置点之间的距离,例如,一个座椅靠背和紧挨其后的座椅靠背间的距离。)

然而,在波音公司的原则中,许多对舒适性有重要影响的因素未得到解决,这主要是因为这些因素不易量化。改变姿势的能力、外观、坐垫特征、三围形状以及对身体各部分的支撑都很重要。另外,身体每一部分并不同等重要。在第 3 章,我们已经了解到臀部到膝盖间的空间对乘客非常重要。从文献中已知,椅面的体压分布与舒适性相关(Looze,Kuijt-Evers 和 Dieen,2003)。此外,我们还希望座椅在我们睡觉、吃饭、观看机内娱乐节目、工作和阅读时能让我们觉得很舒适。这些活动需要不同的姿势,这些姿势应该由座椅提供,使人感觉舒服。

表 4-2　根据波音公司的指导原则,座椅舒适等级所需的椅背厚度或空间

	等级			
	A	B	C	D
腿部空间				
1. 膝盖处的座椅厚度(距地板 24.9 in)	$<1''$	$1''\sim2''$	$2''\sim3''$	$>3''$
2. 60°胫部空隙距坐垫参考点(SCRP, Seat Cushion Reference Point)	$<0.8''$	$0.8''\sim1.7''$	$1.7''\sim2.5''$	$>2.5''$
3. 45°胫部空隙(自 SCRP)	$<0.5''$	$0.5''\sim1.2''$	$1.2''\sim1.9''$	$>1.9''$
肩背空间				
4. 腰椎深度	$<0.5''$	$0.5''\sim0.8''$	$0.8''\sim1.1''$	$>1.1''$
5. 肩阻高度	$>25.8''$	$24.8''\sim25.8''$	$23.7''\sim24.8''$	$<23.7''$
工作、吃饭及视觉空间				
6. 椅背上部厚度	$<1.5''$	$1.5''\sim2.5''$	$2.5''\sim3.5''$	$>3.5''$
7. 头枕厚度	$<1.5''$	$1.5''\sim2.8''$	$2.8''\sim4''$	$>4''$
8. 座椅靠背间的距离(距 SCRP 27.6 in)	$<4''$	$3''\sim4''$	$2''\sim3''$	$<2''$

注:参见图 4-3,左栏数字与该图对应。

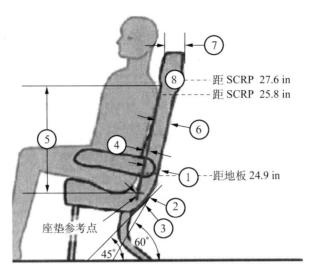

距 SCRP 27.6 in

距 SCRP 25.8 in

距地板 24.9 in

座垫参考点

60°

45°

图 4-3　波音公司座椅舒适性原则。

4.4　座椅间距

乘客有时会在旅途报告中提及座椅的前后间距,他们甚至声称在一些网站里,通过看座椅间距可知飞机舒适性。这些"间距关注者"能在一些网站里找出关于座椅间距的数据,例如 seatguru. com,easyairplane. com,airlinequality. com 等网站。他们认为间距大,腿部的活动空间就大,会感觉更加舒适。事实上,只有所比较的不同飞机上的座椅厚度相同时,这一点才能够成立。靠背的厚度影响臀部至膝部的空间。间距 33 in,靠背厚度 3 in 的座椅比间距 31 in,靠背厚度 1 in 的座椅提供的膝部空间更少。波音公司座椅设计指导原则的主要目标就是评定对座椅舒适性有关键作用的座椅不同部位的厚度,以便我们易于理解臀部至膝部的距离及其他前后间距对舒适性的影响。公司甚至具体定义和规定了衡量厚度变化的字母级别。字母级数每提高一级,乘客在座椅特定部位的前后空间就增加一英寸。为了显得知识渊博,乘客和航空公司工作人员常喜欢说,"哦,腿部活动空间很舒适,让人觉得座位间距很宽……"。

4.5　设计飞机座椅的难度

除了以上提及的要求外,座椅还应该"轻",以便符合飞机追求减重的要求;"薄",以便在舒适性水平不变的情况下尽可能容纳更多的乘客。符合所有要求似乎是天方夜谭,但事实并非如此。过去至今,航空公司一直努力增加飞机的舒适性等级。新型飞机比以往的飞机对舒适等级的划分更明确(参看第 3 章)。虽说如此,我们也应该了解,从舒适理论的角度看,乘客会把他们所体验的舒适感与乘坐其他飞机和在其他领域的舒适体验进行对比。因此,当汽车工业稳步发展的同时,其他行业也要紧随其后。舒适性理论也表明,始料未及的体验增加舒适等级。为了带来比预期更多的体验,在以下几个属性或目标方面努力可能会有所帮助:

(1) 理想的体压分布;

(2) 合理的靠背角度;

(3) 防止剪力;

(4) 按摩系统;

(5) 适合不同活动的座椅;

(6) 能自动调节的座椅(智能座椅);

(7) 使脚离开客舱地面的可能性;

(8) "哇"(惊叹)的体验;

(9) 拥有视觉舒适感的座椅。

在后面两章中,将会详细介绍这些因素。

4.6 理想的体压分布

据有关科技文献调查(Looze,Kuijt-Evers 和 Dieen,2003),在所有衡量舒适与否的方法中,体压分布与不适感的关系最紧密,合理的体压分布可减少不适感。有研究证明,体压分布与颈背疼痛有直接联系。按照针对不适感而发展的特定程序进行设计的座椅会降低因颈背疼痛而请病假的概率。Hamberg 等人(2008)指出,轻度不适确实能明显减少颈背疼痛的机会。她用了 3 年时间,跟踪调查了约 1 700 个研究对象,发现不适感较严重的受测者 3 年后受较多疾病困扰。

目前,并无可靠数据显示,到底什么样的体压分布是健康舒适的。一些研究人员认为 60 mmHg 是应该出现的最大压力(Conine 和 Hershler,1994),因为大部分通过血管运输的血液在超过这个压力值时会使其流动受阻。然而,坐骨(坐在木制椅子上你能感觉到的臀部的两块骨头)四周感受的压力更高。当然,可接受的最大压力也极大地取决于坐的时间及就座时姿势的变化。尽管我们对压力与舒适感的关系理解尚不全面,但毫无疑问,压力与不适感有关。Zenk(2008)在他的博士论文中指出,后仰式的靠背产生高度舒适感。同时,他也指出,腿前下方的支撑,可分散负荷,降低压力,减少不适。司机坐这样的座椅,驾车两个半小时也不会产生不适感。图 4 - 4 给出一种高端车的座椅体压分布,这种分布带来的不适感较低。

针对飞机座椅的理想压力分布还需要进一步确立。但是,飞机座椅与汽车座椅有一定相似性,因为飞机乘客的坐姿与司机驾车时的姿势类似。但是,飞机座椅的设计更复杂些,因为飞机上的活动变化更多因而姿势的变化也更多。在驾驶汽车时,身体活动很确定。相比之下,在飞机上,乘客要吃饭、睡觉、看电影等,这些活动有各自不同的舒适姿势。当乘客处于不同的姿势时,座椅都应该能够产生

承载 20%~50%

承载 49%~54%

承载 <28%

承载 6%

图 4-4　驾驶高端汽车时的理想体压分布(Zenk 2008；Mergl 2006)。如果我
们假定飞机座椅坐姿与此类似，那么这就是理想的体压分布。

所希望的体压分布，这就加大了舒适型座椅的设计难度。除了较好的体压分布能
增加舒适体验外，还有文献研究表明，合理的腿前支撑可降低椎间盘的压力
(Zenk，Franz 和 Bubb，2010)。在这种情况下，身体下方的压力也可以得到有效
缓解。

　　　Zenk(2008)所描述的商务舱座椅自动调节系统很有意思。这种座椅里的感应
装置记录压力，然后座椅进行自动调节，找到理想的体压分布(参看图 4-4)。

4.7　坐姿与剪力

　　　在保持座椅底部水平的同时向后倾斜靠背会增加向前滑出座椅的可能性。
当然，这种前滑力受到座椅与乘客身体间的摩擦力的反作用，防止乘客滑出座椅。
椅子上的这种向前的力叫做剪力。有关它与健康的关联度，是科学家长期争论的
一个话题。显然，这种力是存在的，并且与舒适性相关。但问题是，如何在设计座
椅时处理它。当然，如果你认为"乘客滑出座椅，不关我们的事"，那么就可以忽略
这个问题。否则的话，在设计座椅时应尽量降低剪力。剪力太大会导致不适感，
而且如果这些剪力持续时间太长，或强度太大的话，就会导致褥疮性溃疡
(Goossens 和 Snijders，1995)。剪力也会导致半圆形脂肪萎缩，也就是大腿皮肤的
圆周形皱纹(Goossens，2001)。然而，科学家们在剪力与健康关系的问题上存在
争论。防止不适感可能是防止剪力的主要原因。向上前方倾斜椅面可以减少剪
力。基于人机工程学模型和对调查对象的测量，图 4-5 给出了与特定靠背角度
相对应的理想的座椅底板角度参数，以防止在座椅上面产生剪力。该图中的数据
非常有用，可以作为参考来确定是否有不可接受的剪力，如果有的话，可以指定设
计人员重新设计座椅。

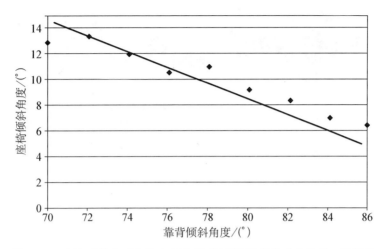

图 4-5 座椅无剪力时座位底板和靠背倾斜程度的对应关系。连续的
直线代表人机工程学模型的预测。不连续的点代表所测到的
健康受试者倾斜度的平均值(Goossens 和 Snijders，1995)。

4.8 舒适性与座椅

　　舒适性不仅受压力或者物理特征的影响，认识到这一点很重要。Kuijt-Evers (in Bronkhorst，2001)指出，49 位有经验的办公室工作人员凭借视觉信息，对 4 把办公椅中的一把给予负面评价。事实上，这 4 把椅子材质相同，只是颜色不同，其中 3 把是浅色，另外一把是棕色。研究对象的第一印象是，棕色座椅不太舒适。视觉观测后的第一次落座体验，结果同样是棕色座椅舒适性较低。但是，就座时间超过一小时后，受试者感到棕色座椅与其他座椅舒适性相同。事实是，期望值、第一印象和个人差异都会影响舒适级别的评定，这就意味着必须在实验中谨慎处理期望值和第一印象的影响。虽然座椅应具备良好的体压分布、合适的尺寸(人体测量学)，易于调节等特点，但情感因素也应考虑在内。由此可见，对第一印象进行测评是很有帮助的。有很多方法可以用来记录第一印象，例如测定脸部肌肉的活动(如颧肌，参看下面"舒适性与'哇'的体验"一节的内容)和通过人脸阅读器来观察人的第一反应。人脸阅读器是一款软件，分析人脸的数字图片或影像，使记录情感成为可能。

　　测试的另一个方面是，舒适性体验依赖活动或任务。Groenesteijn 等人(2009)指出，阅读时，靠背角度影响座椅舒适性。人在阅读时，常会使靠背后仰，可以增加到 8°的活动范围，会产生更好的舒适性。因而，对舒适性的评价需要针对座椅设计目标安排受试者完成实施具体的任务(图 4-6)。

　　长岛铁路火车座椅设计项目的实践证明，针对座椅用途进行设计的座椅效果良好(Bronkhorst 和 Krause，2002；Vink，2005)。首先经过网上查询(通过合作机构)和查阅相关文献后，没有相关信息显示人们在市郊火车上的坐姿是怎样的以及

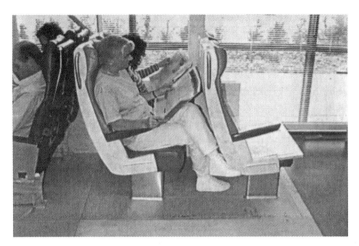

图 4 - 6　火车座椅设计中对阅读活动测试。

他们坐在座位上的主要活动有哪些。因此,研究人员进行了一项研究,在新型火车的各条潜在运行线路上,观察乘客的行为。通过测量来观察他们的活动、坐姿、人体尺寸和运动。从 1 700 次观测中,选出了 4 项最常做的任务和必要的人体测量特征。这样,座椅就以最适合这 4 项活动为标准,进行设计。在研发过程中,为了确定这些活动的舒适坐姿,以真人作为实验对象进行了几次测试。同时,对乘客提到的重要活动也进行了测试(图 4 - 7)。最终的结果是,相比目前普遍使用的座椅,83% 的乘客更喜欢这种新型座椅。

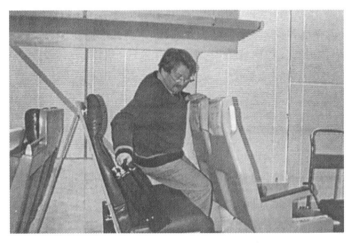

图 4 - 7　实物模型实验,测试火车座椅进出是否方便。

完成这样的实验实际是很不容易的。仅凭询问"舒服吗?"是无法提供重新设计座椅所需的信息的,也无法跟其他类型座椅进行比较。

由于人类对舒适性的体验一定程度上不可预测,受众多因素制约,所以需要用真人进行测试研究。关于座椅采用的海绵特征、形状和安全性的更多信息可以从虚拟舒适性模型中获得(Franz，2010)，这些虚拟系统虽在不断发展，但还远不能取代以真人为对象的研究。这些以真人为测试对象的研究可以在早期阶段(通过观察)使用原型或在虚拟现实环境中进行。相关报道已经提到很多成功的研究项目，在这些项目中用到了原样尺寸物体、实物模型和(虚拟)原型(Davies，2001；Franz，2010)。当然，为了把环境因素的影响排除在外，这些研究需在尽可能自然的环境下进行。

4.9　座椅的特殊动态特性

在办公座椅市场，可以买到带有特定动态特征的座椅，比如有椅盘悬浮的或绕纵轴旋转的座椅。为了研究这些特征对人体的影响，德国的 BGIA(德国社会意外保险职业安全及健康研究所)做了广泛的调查研究(Ellegast 等，2008)。在此项研究中，将 4 把价值较高的具有特定动态特征的办公座椅与目前常用的具有耦合连接的办公座椅进行比较，常用办公椅的椅盘和靠背能够在弧形面(前后)移动，但是这两部分的运动是彼此耦合的。

第一把椅子的特定动态特征是一个小电动机，它能促使椅盘交替运动，并不时地向左右转 0.8°，每分钟 5 次。第二把椅子的主要运动要素是使椅盘水平运动的悬浮系统。与秋千类似，第三把椅子的椅盘固定在摆上，椅子可向任意方向移动。最后测试的这把椅子装有三维可移动接头，它可使椅盘在任意方向自由移动。在实验室和有 30 人参加实地研究中，参与者做不同的任务，如打电话、进行电脑工作和整理文件等。研究者记录了受测者的肌肉活动、体压分布、人体运动、坐姿和舒适性。发现不同座椅间的人体运动、坐姿和肌肉活动几乎没有差异。然而，上述不同活动造成的影响很大。这表明，与其投资设计使人体能更多移动的特征复杂的座椅，还不如投资设计适于做不同种类工作的办公椅。座椅间舒适性体验的不同也取决于任务的性质(Groenesteijn 等，2010)。实验显示，第一把椅子最适合打电话，进行电脑操作最好使用"摇摆系统"，最后一把椅子适合整理文件，因为这把椅子移动起来就像坐在圆球上滚动一样方便。假如把这份调查报告转换到飞机座椅的设计上，专注于通过活动的改变来变换姿势或许是比较明智的，引入同步移动机制可能就足够了。这也说明拥有针对具体任务的区域会更受欢迎(参看第 3 章)。

4.10　舒适性与惊叹(wow)体验

每个人都应有一个让自己感到惊讶或惊喜的产品，这听起来有些想当然，但是测定这种第一眼就产生"哇"的惊喜感觉的技术在飞速发展，研究者有必要把这种技术运用于产品设计。研究证实，惊喜体验越多，我们对舒适性的评价就越高(Franz，2010)。这并不奇怪，因为我们已经看到期望值与第一印象对舒适体验的影响作用。座椅，从长远来说，不仅要感觉舒适，还要看起来舒适。事实上，一个设计应该能第一眼就引发超出预期的舒适感，产生"哇"的体验。这种惊喜反应是可以测量的。例如,微软利用了颧骨肌肉的活动(Hazlett 和 Benedek,2005)。人在笑的时候,这些肌肉(主要的和微小的)会发挥作用。在"哇"的体验中,这些肌肉就会变得更加活跃,甚至发生在人们意识到这种体验之前。

市场营销时常利用到这种"哇"的惊喜体验(图 4 - 8)。使用问卷调查和采访等方法评估这种体验具有主观性。这些研究中存在的基本问题是:在使用这种具有主观性的方法时,已经经过了文字表达阶段,而文字化是一种有意识的行为。这样,潜意识的"哇"行为并没有得到衡量。Desmet,Porcelijn 和 Van Dijk(2005)采用的测量方法通过展示图片和影像来测试研究对象,避免了文字化阶段。尽管如此,在影像或图片间进行选择也是一种有意识的行为。这种方法的优点在于,我们现在不局限于语言。Riseberg 等(1998)发现血压、皮肤电传导阻力和肌肉紧张程度与受刺激后产生的消极情感有一定关系。但血压和皮肤电传导仅仅预示开始出现情绪变化,缺乏精确性。采用诸如功能性核磁共振成像(MRI)的方法研究大脑大有前景,但是当前的理论还极不完善(Tierney,2004)。EMG(研究肌肉运动的方法)看起来很有前景。测定脸部表情的变化要更精确、灵敏,这同样也是先于有意识阶段。主颧骨肌的活动(控制嘴角向上运动的肌肉)和皱眉肌(眼睑上方一块重要的收缩肌)会与积极情感相关,因为它们与微笑联系紧密。

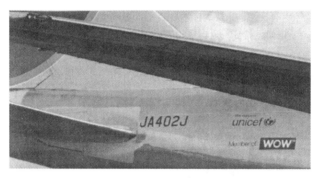

图 4 - 8   "WOW"因素也用于市场营销。

Hazlett 和 Benedek(2005)测试了这些肌肉的 EMG(运动方法)是否与主观性自我报告有关。视频显示器屏幕显示了几个台式电脑屏,如背景、菜单和图标排列等,然后通过 EMG 和自我报告来测定受试者的反应。结果是:参与者的自我报告与生理测定紧密相关。

另外,关于这一方面,我们可以测试不同类型的舱内设计和飞机座椅,然后选择最能激发"哇"情感的类型。可以展示各种不同的图片(就像那些我们在网上看到的图片一样,毕竟多数票是在网上售出的),同时研究购买者和终端用户的即时反应。这可以用来预测网络销售情况,了解第一印象的舒适感是如何被评价的。最后,坐在座位上应该能够为终端用户提供比预期更多的舒适感,以便保持这种积极的情感体验。因此,了解乘客对目前座椅的体验也是至关重要的,因为新座椅至少应达到这种水平。

4.11 双脚离开客舱地板

在设计休息椅时,有一个有趣的发现,受试者为了能在看屏幕时坐姿舒适,都是脚离地板的(Rosmalen 等,2009)。Rosmalen 和其同事观察并拍摄了受试者在自然环境下的整个活动过程。研究人员不进入房间现场,但摄影机录下了受试者在家里看电视时的表现(图 4-9)。研究显示,受试者的脚大部分时间是离开地面的。Rosmalen 的研究小组还要求另外一些受试者写下他们最舒服的姿势。她也在实验室进行了实验,测试参与者的各种不同姿势。

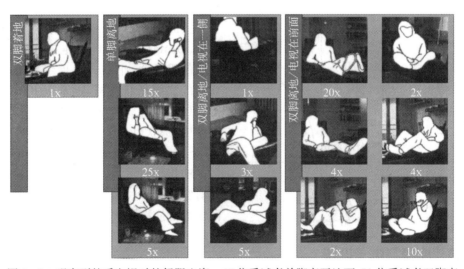

图 4-9 观察到的看电视时的舒服坐姿。45 位受试者单脚离开地面,51 位受试者双脚离开地面(Rosmalen 等,2009)。

如上所述,所有实验都确切显示了姿势的变化,研究也无一例外地证实了脚离开地面是更加舒适的坐姿。多数商务舱座椅能使脚离开客舱地板,这符合人体坐姿舒适性特征,甚至有一些经济舱座椅也能使脚离开地面。即便如此,这一领域的进一步革新还是颇具吸引力的,因为现在的座椅还很难满足人们改变姿势的需要。另外,我们所看到的调查结果中很少阐述人的自然坐姿,而实际上,观察人的自然坐姿可以给飞机客舱设计的革新带来灵感。来自人类学领域的研究方法对这一领域的发展会有很大的帮助。

4.12　靠背角度

有关最舒适的靠背角度的著述很多,但大多数都是处于讨论或想象层面。有一些研究确实测定了坐姿,而另一些研究以其他研究数据为基础提供了指导原则。Rosmalen 等(2009)认为,110°是观看屏幕的最佳视觉靠背角度(110°是相对于水平面而言,相对于垂直面而言,是向后 20°),而 Nathan-Roberts 等人(2008)认为 100°是最佳角度。不同的是,在 Rosmalen 和其同事的研究中,椅面可以倾斜到各种不同的位置。Park 等人(2000)观测人驾车时的坐姿,在最小 103°到最大 131°的范围内算出了一个平均值为 117°的靠背角度。坐在汽车座椅上的时候,Anderson 等人(1974)和 Hosea 等人(1986)发现,120°的位置肌肉活动水平最低。Harrison 等人(2000)描述,如果座椅倾斜 5°,人体躯干处于 100°更佳,因为再多向后倾斜一些的话,靠背就会使人在看路时颈部弯曲过度。Wilke 等(1999)和 Rosmalen 等(2009)的研究结论显示,靠背向后略微倾斜的范围最好在 100°～120°之间。

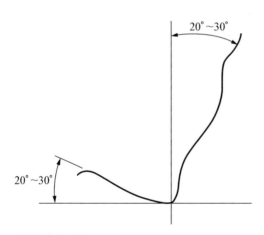

图 4-10　Kroemer 等人研究中座椅的形状。

实际上,不只是靠背倾角决定舒适性,Kroemer 等人(2001)也描述了座椅形状的重要性。图 4-10 展示了比较受欢迎的二维形状座椅,这基于 Kroemer 等人(2001)的研究成果。另外,在其他维度中,形状也是至关重要的,有时形状甚至取决于文化。Vercaygne-Bat(2008)指出,德国司机比较喜欢座椅两侧有突翼,而法国司机则更青睐具有相同剖面的座椅形状。

4.13　座椅与电子设备

为了找到最佳的姿势,可以使用座椅的电子装置来操控座椅的各个部件。许多商务舱座椅已经引入了这种电子装置(图 4-11)。然而,经常会发生由于很难理解控制器的操纵方法,难以将座椅调到最佳位置的情况。办公座椅也常常无法调到合适位置(Vink 等,2007)。为了了解有多少办公室工作人员调节他们的座椅,研究者

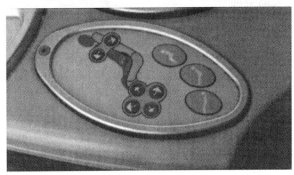

图 4-11 商务舱座椅的两个控制器。

对西班牙和荷兰的 336 位工作人员进行了观察并询问他们是否会调节自己的座椅。结果显示,236 名西班牙办公室工作人员中有 24% 的人从不调节他们的椅子,而荷兰 100 名工作人员中有 60% 的人从不调节他们的椅子。即使调节座椅,通常也只是调节座位的高度。除了对座椅高度的调节,调查人群中,绝大多数不会对座椅有其他方面的调整,这可能与认识、控制系统的复杂度和预期效果有关,而这样的问题在汽车中同样存在。因此,Zenk 等(2011)为汽车制造商研发了一款可自动调节座椅的系统。宝马汽车制造商首先确定了理想的体压分布。采取的方法是,让 40 位受测试者以不同的体压分布驾车两个半小时(参见图 4-1)。座椅安装了压力感应装置,可以测量不同位置的压力,同时计算程序自动调节座椅的不同部件。使用过程中,系统搜索最接近理想体压分布的位置。研究人员对座椅的这种调节方式进行了再测试,结果令人欣慰。他们让 40 位受测者在以下两种条件下分别驾车两个半小时,评定哪种条件下不适感较弱:一种是使用自动提供理想体压分布的座椅,另一种是使用由测试者自己调节的座椅。研究结果很有说服力,可自动调节的座椅给人的不适感明显较弱,有 95% 的受测者评定此系统达到优级水平。

飞机座椅的设计也可以运用这种程序,它会提醒乘客以固定的姿势久坐对健康不利。现在,市场上已有配备压力感应装置的办公椅(Kuijt-Evers 等,2007)。Kuijt-Evers 指出利用这种座椅可以了解办公室工作人员的姿势特点,同时,利用它们评定受试者以相同的姿势能坐多久,这样就更有利于为乘客提供建议。办公椅生产商 Dauphin 利用相似的系统提醒那些坐着时不靠靠背的使用者。

而且,提起可调节座椅的操纵装置,还需要真实的受测者来体验系统是否便于操作。从本书的调查中可以看出,一些旅客显然不调节座椅,他们觉得问乘务员如何调节座椅似乎有点傻。当然,旅客还提到另外一些情况,比如,试着改变位置时出了错,又恰恰被其他乘客看到;尝试调节座椅却没有成功。这是调节系统要易于使用者操作的另一个原因。

尽管我们知道如何做才能帮助乘客合理地调节座椅,尽管我们的系统能够记录位置和压力并依据这些信息自动调节座椅,但要想制造出能给乘客以最佳舒适体验的系统仍有极大的不确定性。

影响乘客行为的因素仍然很多,这些因素能够预测这些系统将如何使用,因而以真人进行测试是有必要的。

4.14 其他特征:头枕和按摩

有研究表明,其他特征也能增加舒适性。如上所述,Franz(2010)指出,按摩可使肌肉活动减少,舒适性增加。他也指出了头枕和颈枕可增加舒适感。为了达到汽车座椅的舒适性要求,在颈部使用软质海绵,而在头部接触区域应使用较硬的海绵。飞机座椅同理,从旅行报告中反映出的情况是,海绵材料的软硬度常被忽略。乘客常常报告头枕没有侧部支撑,而且其位置过于向后。后一个问题的出现是因为缺乏人在不同位置的测量学数据,如与肩后位置相关的头后位置数据。Franz(2010)从P5(5%)到P95(95%)受测者中,测定了35位,建立了理想的头枕位置数据,并利用这些数据设计新型头枕。

睡觉的话,能平躺的床似乎是最理想的解决办法。商务舱一般通过提供能够平躺的、略倾斜的床来吸引乘客。但乘客在旅行报告中常抱怨会滑出座椅。如果平躺座椅不是水平的,乘客就不会滑出座椅。看来,弯曲的座椅更能为乘客的睡眠提供舒适性。

腰部支撑也是提高舒适性的重要因素(Lueder,2004)。早在1974年,Anderson等人(1979)就已经发现,垂直坐姿下,腰部支撑会降低肌肉活动。然而,理想的座椅形状完全依赖于坐姿、活动和人,这就加大了腰部支撑设计的难度。

对于所有这些情形,明智的做法是:通过进行文献研究,利用过去的体验和可获得的虚拟模型,最后在尽可能自然的环境里,利用真人受测者测试不同版本的设计。

4.15 设计者的机会

目前研发的飞机座椅还没有哪一个能满足本章所提到的所有要求。没有哪一种带感应装置的座椅能同时满足以下所有条件:第一眼就让人发出惊喜("哇")的感叹;远超预期的舒适感;适于不同的活动(或者根据任务的不同可自行调节);几乎没有剪力;能激发运动;具备理想的体压分布;理想形状的靠背;可以使脚离开地面等。

这似乎令人费解,因为有那么多的制造商,而且这一领域也进行了大量的研究与研发工作。但是,研发出新座椅后,大多数的研究关心的是测试新座椅,与其他座椅(如之前的类型)相比,看看新研发的座椅好在哪里。另外,满足安全性标准已是很困难的事,就更谈不上研究舒适性了。由于飞机座椅还要轻巧,这就更加大了难度。当然,近期出现了一些相关的新知识,为设计者提供了座椅设计革新的好机会。

参考文献

Anderson G B J, Murphy R W, Örtengren R, Nachemson A L. The influence of backrest inclination and lumbar support on lumbar lordosis [J]. Spine, 1979, 4:52-58.

Anderson G B J, Örtengren R, Nachemson A, Elfstrom G. Lumbar disc pressure and myoelectric back muscle activity during sitting. Ⅳ studies on a car driver's seat [J]. Scandinavian Journal of Rehabilitation Medicine, 1974, 6:128-33.

Ariens G A M. Work-related risk factors for neck pain [D]. PhD thesis, Vrije Universiteit, Amsterdam, 2001.

Bronkhorst R E, Krause F. End-users help design mass transport seats [C]. In Human factors in seating and automotive telematics (SP-1670), 2002. SAE World Congress, Detroit, MI, March 4-7. Warrendale (PA): SAE: 1-6. SAE Technical Paper Series 2002-01-0780.

Bronkhorst R E, Kuijt-Evers L F M, Cremer R, van Rhijn J W, Krause F, de Looze M P, Rebel J. Emotion and comfort in cabins [R]: Report TNO, Hoofddorp, Publ. nr. R2014871/4020054. 2001.

CAESAR. Data from the Civilian American and European Surface Anthropometry Resource Project — CAESAR [S], 2000.

Conine T C, Hershler C. Pressure ulcer prophylaxis in elderly patients using polyurethane foam or jay wheelchair cushions [J]. International Journal of Rehabilitation Research, 1994, 17: 123-37.

Davies R C. Using virtual reality for participatory design and brain injury rehabilitation [D]. Lund, Sweden: Lund University (Ph.D. thesis), 2000.

Desmet P M A, Porcelijn R, van Dijk M B. How to design wow. Introducing a layered-emotional approach [C]. In Proceedings of the Conference Designing Pleasurable Products and Interfaces, ed. S. Wensveen. Technical University/Eindhoven, the Netherlands, pp.71-89, 2005.

Dieën J H van, de Looze M P, Hermans V. Effects of dynamic office chairs on the low back [J]. Ergonomics, 2001, 44:739-50.

Dunk N M, Callaghan J P. Gender-based differences in postural responses to seated exposures [J]. Clinical Biomechanics, 2005, 20:1101-1110.

Ellegast R, Keller K, Hamburger R, Berger H, Krause F, Groenesteijn L, Blok M, Vink P. Ergonomische untersuchung besonderer büroarbeitsstühle. Sankt Augustin, BGIA [S], 2008.

Franz M. Comfort, experience, physiology, and car seat innovation [D]. PhD thesis, Delft University of Technology, 2010.

Goossens R H M. Lipoatrophia semicircularis, een hypothese [A]. In Lipoatrophia semicircularis, Informatiebrochure samengesteld naar aanleiding van het wetenschappelijk symposium ribbeldijen en de relatie tot beeldschermwerk (14-15). Brussels: Ergoclinjc, 2001.

Goossens R H M, Snijders C J. Design criteria for the reduction of shear forces in beds and seats [J]. Journal of Biomechanics, 1995, 28:225 - 230.

Groenesteijn L, Ellegast R, Keller K, Berger H, Vink P. Influences of office tasks on body dynamics using dynamic office chairs [A]. In Advances in occupational, social, and organizational ergonomics, eds Vink P, Kantola J, (452 - 461). Boca Raton, FL: CRC Press, 2010.

Groenesteijn L, Vink P, de Looze M, Krause F. Effects of differences in office chair controls, seat and backrest angle design in relation to tasks [J]. Applied Ergonomics, 2009, 40:362 - 370.

Hamberg H H, van der Beek A J, Blatter B M, van der Grinten M P, van Mechelen W, Bongers P M. Does musculoskeletal discomfort at work predict future musculoskeletal pain? [J]. Ergonomics, 2008, 51:634 - 657.

Harrison D D, Harrison S O, Croft A C, Harrison D E, Troyanovich S J. Sitting biomechanics, Part II: Optimal car driver's seat and optimal driver's spinal model [J]. Journal of Manipulative and Physiological Therapeutics, 2000, 23(1):37 - 47.

Hazlett R L, Benedek J. Measuring the emotional reaction to passive first impression of software [C]. In Proceedings of the Conference Designing Pleasurable Products and Interfaces, ed. S. Wensveen, (pp.57 - 70). Technical University/Eindhoven, the Netherlands, 2005.

Hosea T M, Simon S R, Delatizky J, Wong M A, Hsieh C C. Myoelectric analysis of the paraspinal musculature in relation to automobile driving [J]. Spine, 1986, 11:928 - 36.

Kroemer K H E, Kroemer H B, Kroemer-Elbert K E. Ergonomics: How to design for ease and efficiency [R]. Upper Saddle River, NJ: Prentice Hall, 2001.

Kuijt-Evers L F M, Commissaris D A C M, de Jong A M, de Looze M P. Workshop: Smart design for human performance [C]. Proceedings of the 39th Nordic Ergonomics Society Conference, Oct 1 - 3, Lysekil, Sweden, 2007. (Available in CD - Rom Format, p.4.)

Looze M P de, Kuijt-Evers L F M, van Dieën J. Sitting comfort and discomfort and the relationships with objective measures [J]. Ergonomics, 2003, 46:985 - 997.

Lueder R. Ergonomics of seated movement. A review of the scientific literature [M]. Encino, CA: Humanics Ergo Systems, 2004.

Mergl C. Entwicklung eines verfahrens zur objektivierung des sitzkomforts auf automobilsitzen [D]. PhD disser., Lehrstuhl für Ergonomie, Technische Universität München, 2006.

Nathan-Roberts D, Chen B, Gscheidle G, Rempel D. Comparisons of seated postures between office tasks[C]. Proceedings of HFES 2008(Human Factors and Ergonomics Society), 2008, pp.692 - 696.

Nordin M. Zusammenhang zwischen sitzen und arbeitsbedingten rückenschmerzen [A]. In *Ergomechanics*, ed. H.J. Wilke (pp.10 - 35). Aachen, Germany: Shaker Verlag, 2004.

Park S J, Kim Ch, Kim C J, Lee J W. Comfortable driving postures for Koreans [J]. International Journal of Industrial Ergonomics, 2000, 26(4):489 - 497.

Riseberg J et al. Frustrating the user on purpose. Using biosignals in a pilot study to detect the user's emotional state [C]. Proceedings of CHI 98 v2, New York: ACM Press, 1998, pp.227 - 228.

Rosmalen D van, Groenesteijn L, Boess S, Vink P. Using both qualitative and quantitative types of research to design a comfortable television chair [J]. J. of Design Research, 2009, 8(1):87 - 100.

Tierney J. Politics on the brain [N] The New York Times, 2004, April 20.

Vercaygne-Bat G. Specific seat requirements for market specificities [C]. Paper presented at the

IQPC Innovative Seating 2008 Congress, Frankfurt, Germany, 2008, April 20.

Vink P. (ed.). Comfort and design [M]. Boca Raton, FL: CRC Press, 2005.

Vink P, Porcar-Seder R, Page de Poso A, Krause F. Office chairs are often not adjusted by end-users [C]. In Proceedings of the Human Factors and Ergonomics Society (HFES) 51st Annual Meeting, October 1 – 5, Baltimore, MD. CD – ROM available, 2007.

Wilke H J, Neef P, Caimi M, Hoogland T, Claes L E. New in vivo measurements of pressures in the intervertebral disc in daily life [J]. Spine, 1999, 24(8):755 – 762.

Zenk R. Objektivierung des sitzkomforts und seine automatische anpassung [D]. PhD disser., Technical University, München, 2008.

Zenk R, Franz M M, Bubb H. Spine load in the context of automotive seating [J]. Applied Ergonomics, 2011, 43(2):290 – 295.

5 超舒适的飞行体验

5.1 概述

前几章的内容以事实为依据,而本章是由前几章的事实所展开的想象。本章所包含的飞行舒适性构想,在一定程度上是可以实现的,技术上也是可行的。飞行幻想从机场值机开始,结束于目的地机场出口。舒适的飞行从简化的订票程序开始,此程序清楚地显示了你将得到什么样的服务,因为期望值会影响舒适体验。在启程那天,机场工作人员会很贴心地告知你一些具体的信息:如怎样到达登机口? 在那里要等多长时间? 飞机起飞后,你可以坐在工作区,那儿有虚拟现实(VR)设施或者高品质荧屏可供观看。工作时,有最佳的可调节的座椅、桌子、适宜的灯光照明和人体感觉舒适的温度来辅助你。在飞机阅读休息区安装的设备可使你的旅行更放松。在交流区,你可以打电话,与其他乘客聊天。总之,在这里,有热情友好、乐于助人的机组人员,航班按预定计划顺利飞行,得到的飞行体验超出预期。

这是一段根据前面几章所描述的调研结果而想象出来的飞行旅程,理想的乘客体验是这次旅程的中心主题。现在,人们已经开始构想未来飞机的设计概念:比如,Finnair(2008)描绘了一款2093翼身融合体飞机;德国的汉堡应用科技大学画出了BWB AC20.30机型图;波音797是另一款未来型飞机;从图5-1中可以看到由荷兰代尔夫特(Delft)理工大学设计的翼身融合体机型机身内部结构图。

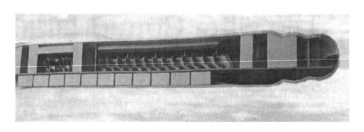

图5-1 未来翼身融合体机型机身内部结构模型。荷兰代尔夫特
(Delft)理工大学。

提出这些未来飞机概念的重点是给即将到来的技术设计提供思路和想法。本章谈及的飞行的未来与飞机的技术无关，而是围绕未来的乘客体验。这种舒适性体验的大部分技术要素已经具备，但到目前为止，只实现了其中一部分。在飞行体验的描述中，旅程从家开始，到达目的地机场结束。

5.2 飞行体验

5.2.1 在家里

理想的舒适飞行从家里或工作时就开始了。在登录您最喜爱的航空公司网站后，只需填写目的地和日期。如有特殊要求的话，可轻松添加具体需求。航空公司向您保证，系统是非常安全稳定而无误的。您可通过指纹注册身份信息，或者打开网络摄像机，通过面部辨认，快速显示您的个人数据。如有特殊要求，例如，想选择另一个出发机场，而不是您平时所使用的机场，那么可轻松添加您的具体喜好。网站为您提供好几种选择并伴有其他乘客对舒适性的评分以及两三条好评或差评。当您确认订票时，就会看到屏幕上的飞机客舱内部图，这不是有座位号码的平面座位图，而是一个三维视图。当您从舱门进入飞机或在虚拟飞机上走动时，您可以看到客舱内部的图景，如同身临其境。您可在座位图中选择自己的座位，并且可以感受到就座时的客舱内部图景(图5-2)。这一点很重要，因为对飞行的期望值会影响飞行时的舒适感。如果您想接着往下看的话，输入您的身高，就会看到您腿部周围空间大小的估计。

图5-2 预订座位时您在网上看到的景象之一，它会影响您的飞行预期。

在座位图中，您可看到飞机的不同区域划分(图5-3)：

(1) 工作区：安静，有足够的空间放置笔记本电脑(或其他便携设备)，有电源插座可供使用。新型飞机中，您可在飞机提供的电脑上使用优盘或其他存储器。或许您已经习惯了通过互联网获取个人数据的云计算系统来完成工作，飞机上也将提供

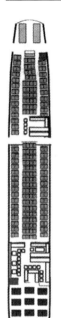

淋浴区

家庭区

手机/交谈区

购物区

休息/睡觉区

短信服务/互联网/机载娱乐区

酒吧/餐馆/卫生间

商务/互联网区

图 5 - 3　划分出不同功能区域的座位图，使乘客在飞行期间能够做自己想做的事情。

这样的互联系统。当然，您也可使用手机（仅可发送文本信息或访问互联网以降低对周围人的干扰）或个人数字助手（PDA）系统。实际上，仅一个存储器就足够了，因为座位前的大屏幕可以显示信息，桌面上有键盘，也可以通过使用虚拟现实设备来保护隐私（图 5-3）。机上配有可供看书的照明灯和额外的文件桌，椅子、键盘和屏幕可以调节，以便您能够以舒适的姿势工作，这与您的地面工作环境相似。食物有固定的位置，取放不会影响您的工作。

（2）交流区：可以使用手机通话，座椅可在一定范围内旋转，这样您就可与朋友进行面对面的交谈。在互联网上您可以访问自己的个人数据，或者经云计算机操作系统进入。

（3）家庭区：孩子们可以玩机载娱乐游戏（IFE），家长照顾幼小的孩子。孩子们能把图片输入系统，通过虚拟现实（参看图 5 - 4）一起玩（或与其他乘客玩），同时又能看到彼此在游戏里的角色。

（4）休息区：可以阅读、睡觉，双脚可以离开客舱地板，头部和颈部都有支撑。同时还有可能侧身坐着休息。您还可以选择何时提供餐食服务。

图 5 - 4　虚拟现实设备，工作时可以保证更多个人隐私，也可以打 3D 游戏或看 3D 电影。它还可以减轻飞机重量和节省空间。

（5）环境体验区：您可以通过弦窗或通过摄像头观看外面的风景，同时收集飞机途经地点的信息（图5-5）。

（6）经济区：座位价格低廉，无附加便利设施。

如果您预订了一个8 h的飞行，那么您可以前两个小时预订工作区，接下来的5 h预订在睡觉区，最后一小时预订在交流区（图5-4）。

5.2.2　飞行前48小时

飞行前48 h，您会收到一封邮件指导您打印登机卡，您只需点击两次鼠标即可。由于订票时已经选好座位，所以无需考虑座位安排。您还可以选择获取去机场的路线以及包含登机口线路的机场地图。针对不同关口（如行李托运、检票、海关和登机口）所要求的证件、所需做的事情也都附在地图上并伴有图片说明。返程航班也添加了这些内容，因为在度假时或是在工作目的地，常无打印设备。当然，在未来，所有的机场都会安装指纹识别设备，登机卡的时代将会结束，但还要几年时间才能在世界各地区都实现这样的设想。

图5-5　空中飞行时从飞机天花板上可以看到关于飞机位置的信息（Haperen等，2005）。

5.2.3　到达机场

由于您之前的飞行经历，您的个人偏好已存入系统，所以您将收到抵达机场的最佳方式的建议（火车、出租车、汽车、公交车或者班车），您可遵循建议，抵达机场。建议您把通向机场的行车路线打印出来或存入您的移动手机或黑莓智能手机。

5.2.4　在机场

机场环境设计新颖，具有舒适性。植物、树木和美丽景观使您产生宾至如归之感。而图5-6给人的感觉恰恰相反。机场的感应装置记录您的位置和个人数据，并转换成对您有用的信息。出现在天花板和墙上的箭头，或手机语音引导您走向第一个关口——行李托运。在那儿，您不必排队等候。无需提起手提箱就可以放在传送带上。系统对您进行识别并询问您的托运地是否与机票的目的地一致，按"yes"键，系统会自动完成托运手续。这样行李会被准确无误地托运到目的地。机场标记会清晰地告知您下一步的去向：过安检。安检人员不再那么自以为是或粗暴无礼（有时他们看起来傲慢不羁、闷闷不乐、对工作冷漠），而是工作精准，待人友好，给乘客以安全感。他们接受相关培训，机动灵活，并时刻保证无乘客排队等候现象。您不必拿出电脑和液体物质，也无需把随身行李抬高放置到台面，只需把其放入系统中，系统设备把您的行李轻轻拿起，再轻轻放下。检查完毕，您的随身行李会被放置

图 5-6 在冷漠的环境中，您不会有受欢迎的温暖感觉。

在一个地方，在那儿您可轻松取回。在您把随身物品放入系统的同时，相关一些系统会对您进行身体扫描，这就节省了时间。在海关，您清楚地知道需要出示哪些证件，因为这些全部显示在墙壁屏幕上。作为一名常飞旅客计划的会员，墙壁及天花板划出的标识或者您的手机信息可以对您进行指导，如果您想去休息室，只需对手机说出，就会出现相关指示信息指引您到达那里。

5.2.5 候机厅

商务舱候机厅是休息的绿洲，这里可以享用周到热情的服务，美味的餐饮，舒适的座椅。前几章所描述的研究表明（见图 5-4），受试者在家中理想的舒适状态下，经常会变换各种姿势。因此，这里的休息椅被设计成能够满足不同坐姿的舒适性要求（图 5-7），无论您是看电视、阅读、听音乐或工作。色彩、空气质量、照明均可为您带来超凡的轻松感。屏幕上显示您的航班号和登机口号以及到登机口的步行时间。屏幕显示登机时间，机场地面工作人员会以动听的声音告知您，在登机时间去登机口。墙面和天花板清晰的标识让您时刻了解如何去您想要去的地方，这让您感觉一切顺利。为了防止这个系统万一发生问题，您同时可以收到一张标明您个人路线的地图，其中既有途经您喜欢的商店的路线，也有直接前往登机口的路线。

5.2.6 机场附加服务

在某些机场，您还可享受到皇家级别的尊贵礼遇。您的手机和个人标牌（在您的常客会员卡上或者在航班前几天会邮寄给您）与机场环境有直接相连。第一条信息显示的是欢迎乘机的信息。之后，地面投影标识指引您穿过大楼到您需要去或者想去的不同位置。信息栏也会显示您可能认识的人的图片。如果点击的话，会告诉您这些人所在的位置，当然，这首先要以他们的允许为前提。您的手机也会询问您是否愿意允许系统把您的位置显示给他人。

有些人可能不喜欢这种新的电子系统，如墙上和手机上的标示。这样的话，当

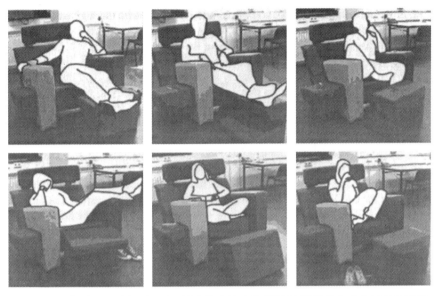

图 5-7 观察到的几种舒适坐姿，舒适的座椅应该能够以舒服的方式支持各种姿势。

您进入机场大楼时，有人会友好地走向您，并送您一副地图，图中指出您应该去哪儿，分别需要何种证件。您也可通过拨打手机的特殊号码或把手放在墙上（姿势辨别系统能够感应到）的方式，随时寻求帮助。

如果您因飞机延误或其他原因，要在机场停留更长时间，您可以四处转转。这儿不仅有商店，也有安放在一些特定区域的娱乐设施。在这些区域，有具有本国特色的文化艺术博物馆；也有虚拟现实系统，当您说出旅行时所去过的地名时，就会播放有关那些地方的电影；也有微型城市区，您可一眼看到城市的亮点（图5-8），看到您现实中见到过的国家的局部微型景观，这些区域以另外一种方式，使您对环境进

图 5-8 你刚去过的城市的微缩景观，使你再次回味那个环境。

行了二次体验。机场还会有这样的区域:现场乐队或录像在演奏地方特色音乐,不时飘来地方特色菜肴的香味,让人馋涎欲滴。

5.2.7 在登机口

在登机口,您可以再次获得极为贴心的帮助。您所坐的位置可以清楚地看到登机口和将要乘坐的飞机。飞机看起来魅力四射(图5-9),不是颜色暗淡或没有任何装饰,而是给人以美好的视觉享受。机场内所有的汽车和卡车都是电动的,没有糟糕的气味,很环保。这些电动汽车和卡车很适于在机场使用,因为电动汽车的行车距离受限,晚上要充电,一些机场也已经在实验使用这些系统。飞机有两个登机口:后排座位的乘客从后面进,前排座位的从前面进,这样可以减少登机时的等待时间。对于身材高大的人,有专为其设计的入口。

图5-9 一架飞机绘有美国马里兰州州旗的颜色,另一架飞机展示了卡塔尔多哈亚运会这一特殊事件。两架飞机停靠在您所在的登机口,令人赏心悦目。

您可以对比过去常飞这条线路的飞机的客舱设计和目前的座椅。登机口配备新、旧两种座椅，您可以试坐，由此体验新座椅优于旧座椅的地方。您可以对比座椅的海绵材质，体验改进后的腿部空间和宽敞性。

5.2.8 飞机舱门

进入飞机也给您带来不错的体验。飞机客舱不再是过去的那种铝制外观（图5-10），而是让您产生宾至如归体验的明亮内饰。登机梯温度适宜，外观精美。您不必在炎热或冰冷的登机梯外等待太长的时间。飞机开启两个登机口，飞机前部的乘客从前登机口登机（坐在飞机后面的乘客从后登机口登机）。您也不必等待其他乘客放置行李，可以径直走向自己的座位，因为登机过程组织有序。机组人员热情欢迎您登机，您可以在走向座位的途中拿一份报纸，飞机从您的手机或个人标牌卡上识读信息，并指导您顺利找到自己的座位（在灯光的协助下）。所有乘客都收到明确信息，了解飞机上对随身行李尺寸的限制。这样，您可以很方便地放置自己的行李。您可将飞行中所需的物品存放在自己的座位区。正如上面所描述的，每个区域都有自己的氛围。工作区主要是蓝色的灯光，您

图 5-10　常见的飞机入口，还有很多改进空间。这就如同在工作间中欢迎登机。

也可以调成您更喜欢的灯光，如特殊的白光，可以让您保持清醒。这种光照系统现在已经应用在一些办公室的午餐后时间，以便减少餐后困倦现象（Vink 等，2009）。若想更加放松，可打开暖色调灯光。睡觉区使用暖色光，而在交流区和家庭区使用的是温馨的红色光。区域的色彩还可以帮助您找到自己的座位。而且，您的座椅看起来很舒适，座位区亮度合适，这使整个空间显得明亮、宽敞，让您有宾至如归之感。

机上温度18℃（64 °F），您可以通过调整通风口对您的脚部、背部和颈部的温度进行局部调节，这一功能其实也并无特别之处。许多有关温度影响的研究表明，能够自己调节控制温度可以增加舒适性体验（如 Bordass 和 Leamon，1997）。在办公室，空气温度控制在18℃可以节省能源，在有需要的地方，可添加一些局部的个人供暖设备。

Oeffelen，Zundert 和 Jacobs（2009）的研究表明，温度的局部控制可以增加舒适感，降低能耗（图 5-11）。现在研发的电动车轻型局部供暖设备（Canton，2010）是否可以用在飞机上，这个课题很值得研究。屏幕显示人体 3 个区域的真实感觉温度是18℃，每个区域有一个向上的箭头；触摸这个箭头，温度就会升高并在屏幕上显

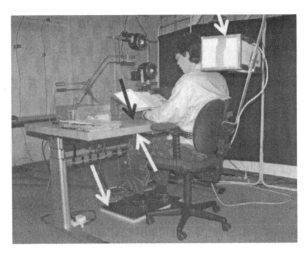

图 5-11   研究局部采暖系统对舒适性的影响(Oeffelen 等,
2009)。箭头代表局部热源。

示。系统会告知工作人员,哪些乘客是首次乘坐这种飞机,这样,他们就会帮助乘客
使用这种系统,调节到乘客感到舒适的温度。

5.2.9   长途飞行

　　座椅深度和扶手长度的尺寸正好合适,既进出方便,又在就座时提供了足够大
的腿部活动空间,给您带来舒适的乘坐体验。空乘人员能够关心您的各种需要,如
休息、工作、使用 IFE,照顾孩子等。另外,您可选择两个不同形状的枕头(图5-12),
调整睡觉或休息的姿势。如果需要的话,可以享受 10 min 的脚部按摩。机组人员
把一种产品放在您的袜子上,使脚和腿部周围放松下来,您会有超级舒适的感觉。
舱内宽敞的空间和舱外美景都会令您感到格外放松、舒适。您可以在屏幕上或机顶
上看到舱内的环境,并聚焦到令您感兴趣的区域。机上,您能看到飞机途经城市的
体育场,同时观赏到体育场的比赛。您也可以看到当地的具有典型特征的渔船和大
海里的鱼。如前所述,您可以调节地板和头部四周的温度。坐着时就可以拿到随身
行李,因为随身行李放在头上方位置,所以腿部周围就有更多的活动空间。按一下
按钮,头上方的行李就会触手可及,而不会对其他乘客造成干扰。多数卫生间在楼
下(图 5-13),这样有助于您活动身体,同时,由于位置离您较远,就不会闻到难闻的
气味。另外,机上还有一个卫生间,专为不便上下楼梯的人群设计(其内安装着供残
疾人和孩子们使用的特殊座椅)。

　　飞机在滑行道的滑行由电驱动,登机完成后就马上启动。发动机在飞机到达跑
道前再启动,也不用排队等候起飞。飞行计划安排周密,飞机可以立刻起飞。(现
在,你会经常觉得在空中交通指挥塔里,每个人都惊讶地在想:"从来没想过会有那
么多飞机在起飞,哦,天啊,又有一架飞机过来了。"也许他们会想:"嘿,朋友们,大家
排好队等哟,有 10 架飞机呢。")

图 5-12 为乘客提供不同形状的枕头,考虑到乘客舒适性的个人意愿并方便改换姿势。

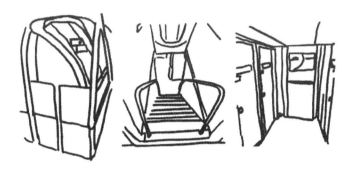

图 5-13 楼下的卫生间(左面:入口;中间:楼梯;右面:卫生间),减少气味并鼓励乘客多活动。

飞行期间,工作人员会以您的母语清楚地告知您所需信息。这似乎是再正常不过了,但是据许多乘客反映,由于英语不清或设备操作不当,乘务人员所通知的信息很难听清楚。(有时声音听起来就像是飞行人员在说话时把麦克风放在了喉咙深处。)

在休息区和工作区,食物会按需提供。食物不是通常见到的那些奇怪的机上食品。现在飞机提供的食物通常刚刚能够下咽。而这一次,航空公司已经调查研究了什么样的食物是最受乘客欢迎的。座椅处已经放好了瓶装水,冷饮可在吧台自取。

5.2.10 商务舱

在商务舱,您会感受到与众不同的服务。高品质、令人放松的音乐,赏心悦目的内饰设计,奢华的照明系统等都给您留下美好的第一印象。机组人员给予您热情的欢迎,并亲自将您带到您的座位。行李箱安装在肘部位置,便于存取行李。椅子上没有放置坐垫和毯子。而目前的情况是,您常常不得不收起自己的东西以及放在座椅里的坐垫和毯子(图 5-14)。而收起坐垫是很困难的,因为您又不想把它放在地上,稍后睡觉时还得用它。而现在,当您到达座位时,座椅上已经不再有这些东西了。此外,座椅已经调整到令人舒服的起飞直立位置,而目前的商务舱往往不是这样。座椅调节简便易行,只需按一下按钮("理想位置")就可以了,就像 BMW 7 实验系列一样(Zenk,2008),座椅通过记录椅面和身体间的压力,计算理想的压力分

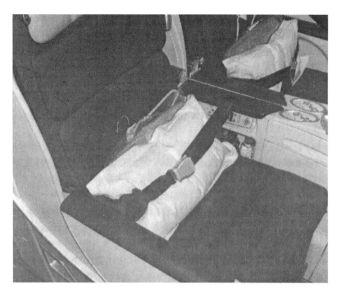

图 5-14 到达座位时首先遇到的问题:该把垫子放到哪里?

布,自行调节。睡觉时,椅子可以放平。与现在人们常见的由众多硬质和软质的部件构成的床面截然不同,也不是目前采用的容易滑出椅面的,前向翻转式座椅,椅面设计完全符合您的身形轮廓。智能座椅通过自行调节气垫能够获得理想的休息位置,您也不会感到座椅的机械部件。通过弯曲座椅的相关部分,头部和颈部能够得到很好的休息。据 Franz(2010)的研究表明,颈枕应该选用软质海绵材料,而头枕则应该稍硬一些。头枕上还可以放置一块毛毯。座椅、头枕以及颈枕的形状让您觉得恰到好处,没有必要再使用额外的靠垫。不过,如果您需要的话,机上也提供额外的靠垫。座椅还可记录您保持静止状态的时间,如果您保持一个姿势时间太长的话,座椅会自行调节或询问您是否应该调整位置。机上配有测试过的按摩系统,如 Franz 研究中使用的轻型按摩系统。客舱乘务人员会主动咨询您在餐饮、睡觉、IFE(机载娱乐)、VR(虚拟现实)使用、阅读和工作时间安排等方面的偏好,并调整他们的工作安排来满足您的愿望。每个座椅都是独立的,您可以不受邻座影响而自由出入,去吧台或餐车。座椅同时内置有锻炼系统,这样您在旅程结束时,就不会疲倦。例如,您可以把脚踝和手腕固定,肩向靠背方向用力,传感器会记录您的力量。您可以完成一些有趣的专为长途飞行的身体健康特别设计的训练课程,或者您还可以戴上 VR 眼镜打游戏,所有这些活动都不会打扰到周围的乘客。

5.2.11 经济飞行

经济舱安装了更薄更轻巧的座椅,乘客甚至可以订购价格更便宜的半站式机票。半站姿势就是您在酒吧时坐凳子的姿势。飞机起飞后 20 min,位于客舱前部的商店开始销售饮料食品,而飞机后舱出售免税礼品。这样多一些来回的走动会使您在旅程结束后,感觉更精神、更健康。您可以浏览免税礼品,订购后礼品会被送往您的家里或度假地。客舱乘务不再使用手推餐饮车,避免了过道阻塞,因为所有的食品和其他一些产品都在客舱前部的商店里。座椅不可调节,这样可以节省重量,而且也防止坐在后面的乘客感到不适。飞行时间过半时,半站姿势的乘客与坐着的乘客交换位置。Vink 等(2008;2009)的研究表明,坐姿与站姿交替会更加舒适。当然,有关飞机上的最佳半站姿势,还需进一步的研究证明。

5.2.12　客舱娱乐设施(IFE)

前文提到,飞行中您可以随心使用您的虚拟现实系统、高品质的视屏和音响系统。航空公司定期对这些系统和设备进行检查。您可以自己选择想观看的电影或者电视直播节目,可以选择使用您自己的语言。对于您的每一步操作,系统都能马上给予响应,让您觉得系统完全在您的掌控中。

5.2.13　清洁

飞机客舱看起来崭新、明亮,清洁。通过一个点击系统,机内损坏物品可在两次航班间隙轻松更换。此外,还研发了造价低廉的清洁系统,可以更经常地对飞机进行清洁。

5.2.14　客舱乘务人员

客舱乘务人员经过挑选、培训,为乘客提供舒适服务。也就是说,机组人员对乘客的需求有浓厚的兴趣,持有关爱他人的态度。这听起来似乎没什么特别,但是,如果我们查阅乘客反馈的旅行报告,就会发现不少乘客对客舱乘务人员的工作态度存在不满情绪。如果出现音频系统故障或发音不清使得机组人员的话难以理解,而此时乘务人员仍是自说自话,对乘客是否听到和准确地获得了相关信息漠不关心的话,还不如什么都不说。客舱乘务人员应该关心他(她)的乘客在航行时的舒适感和安全感,对于乘客会产生的异常感觉应提前予以清楚地告知。乘务人员经过培训,应该能够了解在哪些情况下乘客会产生不安的反应。如果空乘人员询问乘客“您的三明治加鸡肉还是奶酪,”使用“tjik or chee”这样的语言,那么他(她)就失去了与乘客进行接触交流的机会。空乘人员在飞行开始时,利用机上的对讲系统告知乘客安全须知。其他所有信息都在 IFE 上以文本形式给出,这样乘客就可以自己选择,是了解关于飞机空中位置的信息还是了解飞机上是否发生了什么特别的事情,或者他们是否想不受打扰地休息。如果乘客要求调整诸如温度或食物之类的事情,无论是做还是不做,乘务人员都应该热情友好地给予清楚的答复,而不是置之不理。乘务人员若能准确地解释为什么有些事情是不可能的,这样会更好。

在乘客对飞行有恐惧感的情况下,机组人员应该予以关心并给予相应的信息。飞机飞行中出现不同声音的原因应该显示在屏幕上,例如,在 A320 系列空中客车的中部,乘客会听到一些噪声,噪声来源于与缝翼部件连接的机身发动机。在附近座位的显示屏上就应该对此做出解释。另外,其他噪声的来源也应进行解释。例如,飞机在爬飞阶段以后,发动机噪声会明显降低。

5.2.15 抵达目的地

广播通知飞机即将着陆,每位乘客都应该可以看到屏幕上显示的具体信息:如您的联程航班、登机口位置及路线图等。如果乘客飞行中更换了座位,那么他通过调整乘客名字信息,就可以得到准确的信息。路线图描述了机场通往汽车租赁公司、火车站及朋友迎接乘客区域的路线。发布的信息中同时包含了预计的护照检查时间和行李等待时间。机场等待飞机,这听起来可能有些荒谬,但许多乘客的旅程报告指出,飞机会收到塔台的留在空中或地面等待的指令。在地面上时,有时下机通道还没有准备好或者负责下机通道的工作人员不在场。有时下机后乘坐的班车还没到或者出口被占用。这很奇怪,因为飞机屏幕常常可以准确地显示还有多少分钟着陆,但是,地面的工作人员似乎对飞机的到来缺乏准确的预期。飞机抵达前机场没有人获得其着陆的准确时间吗? 在旅行报告里,大多数乘客都更希望在乘坐机场班车前有下机通道。班车往往太热或太冷,或者还要等待其他乘客,这些问题都让人觉得很不舒服。对乘客而言,机场有时会做一些奇怪的事情,因为有时候飞机分明已经停在了航站楼前,结果机场还要派班车把乘客带到航站楼。然而,在舒适的理想飞行体验中,飞机通常飞行顺利,而且机场为飞机的到达做好了一切准备。

为了缩短下飞机的时间,飞机可以同时打开机身的前后舱门。手提行李很容易够到。座椅的扶手比较短,或者可以翻上去,方便乘客提着行李离开飞机。客舱乘务员态度友好地指导您开始下一段旅程。工作人员会告知您本次飞行中可能的不适感只是偶然的,而且他们会重新检查飞机的正常状况。机场的感应装置能够意识到您的到来,手机或机场的标识会清楚地引导您到达目的地。您经历了一次非常舒适的旅行,同时为下一项安排做好了准备。您可能没有意识到机上的智能照明系统,但这种照明系统再加上座椅为您提供的身体锻炼会让您感觉精力充沛,神清气爽,能够开始新的工作,本次旅行为您留下的只有美好的记忆。

参考文献

Bordass W, Leaman A. Strategic issue in briefing, design, and operation. Future buildings and their services. Strategic considerations for designers and clients [J]. Building Research and Information, 1997, 25(4):190 - 195.

Canton J. Comfort by lightweight temperature systems in electric cars [D]. MSc thesis, Technical University, Delft, the Netherlands, 2010.

Franz M. Comfort, experience, physiology, and car seat innovation [D]. PhD thesis, Technical University, Delft, the Netherlands, 2010.

Haperen van B J A, Vink P, Overbeeke C J, Djajadiningrat J P, Lee S H. Concept of a future Nissan car interior [A]. In: P. Vink. Comfort and Design: Principles and Good Practices. Boca Raton, FL: CRC Press, 2005, 263 - 280.

Oeffelen E C M, Zundert van K, Jacobs P. Local climate influence. A lab study with subjects to the possibility of local body temperature regulation (in Dutch) [R]. Delft, the Netherlands: TNO

Bouw en Ondergrond, 2009.

Vink P, Groenesteijn L, Blok M M, den Hengst M. Effects of a meeting table and chairs making half standing possible [C]. In Conference Proceedings, 2nd International Conference on Applied Human Factors and Ergonomics, eds. W. Karwowoski and G. Salvendy. July 14 - 17, Las Vegas, NV. Louisville, KY: AHFE International, CD Rom, 2008.

Vink P, Konijn I, Jongejan B, Berger M. Varying the office work posture between standing, half-standing, and sitting results in less discomfort [C]. In Ergonomics and health aspects of working with computers, ed. B. Karsh (pp. 115 - 120). Proceedings of the HC II 2009 Congress, San Diego, CA, July 19 - 24. Berlin/Heidelberg: Springer Verlag, 2009.

Zenk R. Objektivierung des sitzkomforts und seine automatische anpassung [D]. PhD thesis, Technical University, München, 2008.

6 关于飞机客舱舒适设计的图例及评论

在本书第3章,研究人员分析了2009年乘机旅行的10 032名旅客所反馈的旅行报告,得出影响舒适性的最重要因素是腿部空间、卫生清洁以及工作人员的服务,然而登机前的经历、座位及行李也是非常重要的因素。在这一章中,我们用乘客拍摄的59张照片来在一定程度上说明第3章所作的分析并提出一些新观点。

本章所作的分析就腿部空间问题做了详细的图例解释说明,但是也有一些难以用照片说明的问题,例如客服及工作人员的注意力,因此这些问题在本章中仅作简要说明。有些照片涉及的问题在本次研究中没有提到,但仍然在这里列出以作为进一步研究的信息来源。所有照片都附有乘客所作的关于图片的原始文字说明。有些由乘客拍摄的照片已经在1到5章中用作插图解释说明,所以在此将不作赘述。

6.1 腿部空间

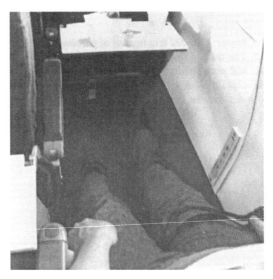

图6-1 "这就是我所说的腿部空间,这远比常见经济舱的空间大。我试着用脚去够我前排的座位,根本够不到。"

图6-2 "把座椅靠背储物袋安在我最需要放腿的
地方简直是一点意义都没有。"

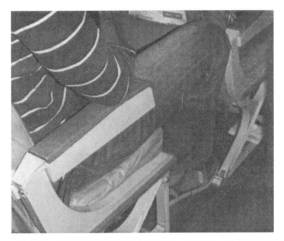

图6-3 "我需要很长时间从这个姿势恢复过来。更糟的是在一些
飞机上靠窗的座位下是娱乐设备,严重影响了腿部空间。"

图6-4 "你看到第三排了吗?那就是我想
坐的位置,因为腿部空间足够大。"

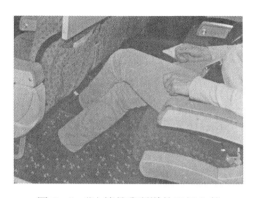

图6-5 "这就是我所说的飞机上的
　　　 腿部空间。"

图6-6 "空服人员热情的笑容让你有一种宾至
　　　 如归的感觉。"

6.2　服务水平

图6-7 "经济舱的免费报纸令人愉快。"

6.3　卫生

图 6-8　"一个洁净无异味的卫生间让你
　　　　的旅行心情舒畅。"

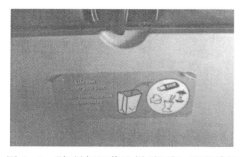

图 6-9　"如果标识像这样(松动),那发动机
　　　　和驾驶舱会怎么样?"

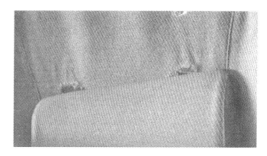

图 6-10　"商务舱破旧的座位根本不能给人一种
　　　　　豪华的印象。"

图 6-11　"折叠桌坏了?或者这是商务舱的常
　　　　　态?它一点儿也不稳当,没法使用。"

图 6-12　"这个座位的部件看上去是需要维修
　　　　　了。"

6.4　行李空间

图 6-13　"我应该把随身行李放哪儿？放座位下面会影响我的腿部空间的。"

图 6-14　"很难够到行李舱。"

6.5　邻座

图 6-15　"左面三个座位，右面三个座位。其他航空公司的这种
　　　　　BAe146 是 3-2 的座位配置，那样感觉舒服得多。"

图 6-16 "这架波音 777 是 3-4-3 的座位格局,而其他的
        777 系列客机是 3-3-3 的配置,当然是 3-3-3
        的配置更舒适。"

图 6-17 "这架 E145 客机上的单排座位不错,你没有邻座。"

图 6-18 "这位女士旁边的乘客
        通风口方向反了。"

6.6 座椅

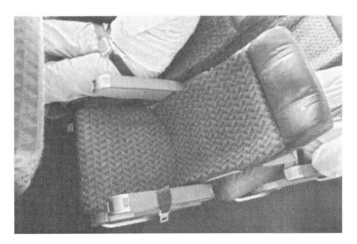

图 6-19 "对于两个小时的飞行,这个座椅的底板太短了。"

图 6-20　"这种座椅靠背和膝盖平齐,比较薄,很舒服,但就是座椅的底板有点短。"

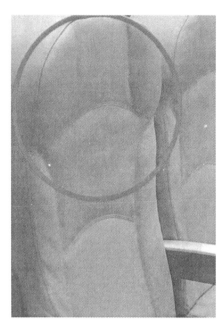

图 6-21　"这种座位没有肩膀活动的空间(我是一个生物力学专家),这对舒适性也很重要。"

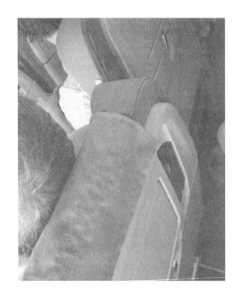

图 6-22　"如果我前排的人按下扶手上的按钮那就是一场灾难。我的膝盖会受伤,我也无法再吃东西了,没有了生活的空间。该死的发明按钮的人。"

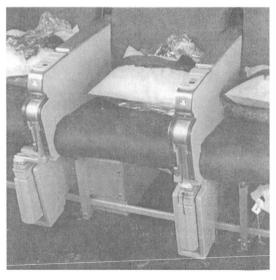

图 6-23　"第一排座位的宽度大大变小,因为有人想到可以在扶手上设置桌子。就没有更好的解决办法吗?"

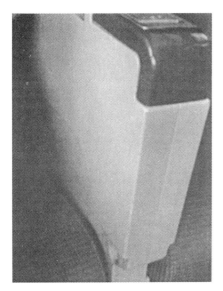

图 6-24　"座位宽度因扶手的设计而减少。我曾坐过一些航班,空乘服务人员会从行李舱中取出折叠餐桌,这样会好很多。"

图 6-25　"厚厚的靠垫看起来更舒服。"

图 6-26　和图 6-27 相比,一位乘客提到这个按钮位置的设计是错误的,因为设置在一侧的按钮需要你抬身才能看到并使用按钮。

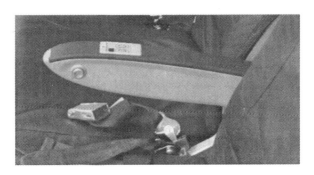

图 6-27　有位乘客提到,和那些装在内侧的按钮相比,按钮设计在扶手上面更好,更容易看到,方便操作。

图 6‐28　"我想以这种姿势睡觉,但在现在的座位上无法做到。"

图 6‐29　"这个扶手高度太低了。"

图 6‐30　"这是我喜欢靠窗座位的原因。"

6.7 客舱娱乐设施

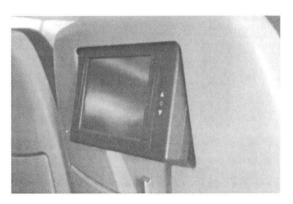

图 6-31 "显示屏角度可以调整非常重要（如图所示）。我曾使用过固定式的显示屏，视角非常差。"

图 6-32 "这个大显示屏非常好。"

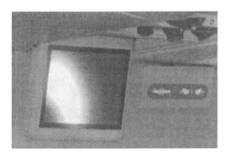

图 6-33 "屏幕上出现安全须知会更好些。因为那样能看得更清楚，听得更明白，也更容易理解。"

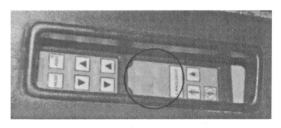

图 6-34 "在中间有 4 个按钮（圆圈）根本没什么意义。能将胳膊放到扶手上又不碰到任何按钮就好了。"

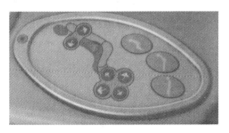

图 6-35 "这个界面设计得不错。"

图 6-36 "这种控制按钮在就座时是无法触及的。"

6.8　延误/等待

图 6-37　"我讨厌着陆后的漫长等待。可能在机场的人们并没有预料到飞机的到来而为之做好准备。"

图 6-38　"在机场经常要走很长的路。"

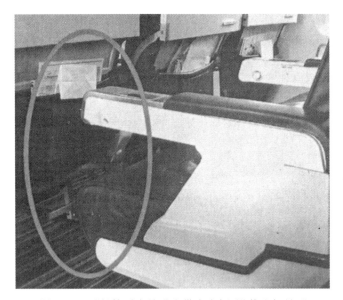

图 6-39　"长扶手会给进出带来麻烦,没什么好处。"

6.9　其他图片说明

　　除了第 3 章提到的问题外,还有一些照片涉及设计、安全及商务舱的舒适性问题。虽然这些没有作为本研究优先考虑的内容,但可能读者会感兴趣,所以下面将作一些介绍。

6.10 设计

图 6-40 "这种入口的设计无法给乘客温暖的感觉。"

图 6-41 "这是我在座位上所看到的景象。难道没有设计师参与设计吗？根本没有人考虑乘客会看到什么?"

图 6-42 "我预订了一张商务舱的机票,看到它的白色天花板让我惊讶不已。"

图 6-43 "商务舱真是一团糟。"

图 6-44 "印有不同颜色和文字的座椅，客舱设计让我心静不下来。"

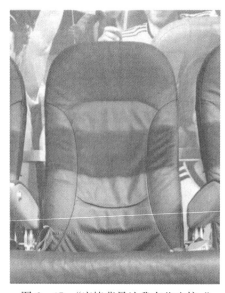

图 6-45 "座椅背景让我有些吃惊。"

图 6-46 "是谁设计的窗户位置?"

6.11   安全

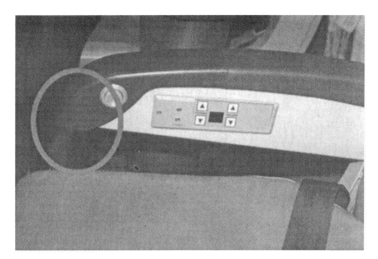

图 6-47   "锋利的边缘。"

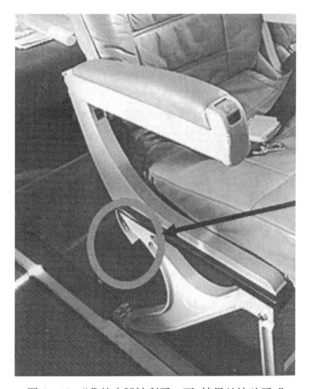

图 6-48   "我的小腿被刮了一下,结果丝袜破了。"

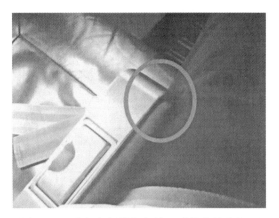

图 6-49　"这个尖锐的末端正对着我的大腿。"

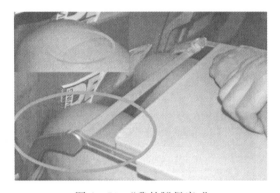

图 6-50　"我的腿很痛。"

6.12　商务舱

图 6-51　"这样存放你的鞋子是个不错的主意。"

图 6-52 "暖色调的商务舱。"

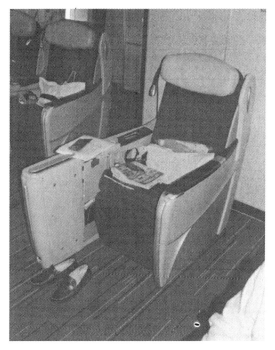

图 6-53 "这个座位没有邻座,你可以随时进出,感觉不错。"

图 6-54 "能够有放置瓶装水的位置非常棒。"

图 6-55 "在这个商务舱你无法睡觉或是放松休息。"

图 6-56 "有些航空公司把这也叫商务舱。"

图 6-57 "有些航空公司称这为睡床,但是有很多硬的部位,而且睡床往往并不是水平的,这倒是比那些能让人滑出去的床好些。"

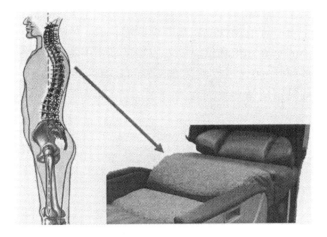

图 6-58 "应先研究人体解剖学,然后再设计座位,"有位健康理疗师这样说。

图 6-59 "很棒的头等舱设计,采用了暖色调。"

本书总结

本书对致力于飞机客舱设计的人是非常重要的,因为它包含了直接来源于乘客的关于舒适性理论的重要知识和信息。本书中的研究是基于 2009 年 10 032 名乘客的信息反馈完成的,其中包含了反映乘客喜好的具体的建议和照片,此外,还综述了对乘客座椅设计的最新科学要求。

索　引

大飞机出版工程
书 目

一期书目(已出版)

《超声速飞机空气动力学和飞行力学》(俄译中)

《大型客机计算流体力学应用与发展》

《民用飞机总体设计》

《飞机飞行手册》(英译中)

《运输类飞机的空气动力设计》(英译中)

《雅克-42M和雅克-242飞机草图设计》(俄译中)

《飞机气动弹性力学及载荷导论》(英译中)

《飞机推进》(英译中)

《飞机燃油系统》(英译中)

《全球航空业》(英译中)

《航空发展的历程与真相》(英译中)

二期书目(已出版)

《大型客机设计制造与使用经济性研究》

《飞机电气和电子系统——原理、维护和使用》(英译中)

《民用飞机航空电子系统》

《非线性有限元及其在飞机结构设计中的应用》

《民用飞机复合材料结构设计与验证》

《飞机复合材料结构设计与分析》(英译中)

《飞机复合材料结构强度分析》

《复合材料飞机结构强度设计与验证概论》

《复合材料连接》

《飞机结构设计与强度计算》

《飞机材料与结构的疲劳与断裂》(英文版)

三期书目

《适航理念与原则》

《适航——航空器适航审定概论》(译著)

《民用飞机系统安全性设计与评估技术概论》

《民用航空器噪声和发动机排放合格审定概论》

《机载软件研制流程最佳实践》

《民用飞机金属结构耐久性与损伤容限设计》

《机载软件适航标准 RTCA DO－178B 综合解读与分析》

《民用运输类飞机飞行试验指南》(编译)

《民用飞机复合材料结构适航验证概论》

《民用运输类飞机人为因素设计原则》

四期书目

《航空燃气涡轮发动机工作原理及性能》

《航空发动机结构》

《航空发动机结构强度设计》

《风扇压气机气动弹性力学》(英文版)

《燃气轮机涡轮内部复杂流动机理及设计技术》

《先进燃气轮机燃烧室设计研发》

《燃气涡轮发动机的传热和空气系统》

《航空发动机适航性设计技术导论》

《航空发动机控制》

《气动声学基础及其在航空推进系统中的应用》(英文版)

《叶轮机内部流动试验和测量技术》

《航空涡轮风扇发动机试验技术与方法》

《航空轴流风扇压气机气动设计》

《燃气涡轮发动机性能》(译著)

其他书目

《民用飞机环境监视系统》

《民用飞机飞行管理系统》

《飞机客舱舒适性设计》(译著)

《航空航天导论》

《航空计算工程》

《涡动力学》(英文版)

《尾涡流控制》(英文版)

《动态系统可靠性分析在航空中的应用》(英文版)

《国际航空法导论》(译著)